解析演算法結構

# 圖解演算法原理

Algorithm

增井敏克【著】

SE
SHOEISHA

# 前言

許多人一聽到「演算法」這個名詞時，覺得跟寫程式一樣要具備專業知識，想必門檻也很高吧。然而，演算法終歸只是計算的「步驟」，不需要用到電腦或程式語言的能力。

學習演算法的目的不在於「思考出新的演算法」，而是了解現有演算法的各個特點，並且能夠「在各種情況下分別正確地使用它們」。

當我們要實際運用時，需要先創建一個程式後並在電腦上執行，但只要掌握住箇中訣竅，可以比透過實機操作還能學到得更多。

近來出現了方便編輯的函式庫，程式設計師幾乎不再需要從零編寫演算法。世界上我們所使用的軟體都出自於這個由前人精心編列的函式庫。

重要的是要知道什麼情況使用哪種演算法有效。例如，查詢到站電車路線的服務、導航系統等軟體都有使用本書介紹的演算法。此外，企業使用的系統軟體裡有變更排列或是搜尋等功能，想必每個人都有使用過。知道幾個具代表性的手法，除了可以不用自己花時間從零編寫，若是有函式庫也做不到的複雜指令，或許添加一些獨創性就能夠達到快速運算的效果。

本書不僅只是介紹一般演算法教科書中會提到的教材，還介紹機器學習和密碼學中使用到的演算法。如果您想了解更多細節，請閱讀各領域的專業書籍。

2021 年 12 月 增井敏克

目錄

## 第3章 重新排列資料順序 ～依照規則排列數值～ 87

## 第 4 章 搜尋資料
## ～如何快速尋找目標值？～

第1章

# 演算法的基本概念

～演算法的功能有哪些？～

# » 快速準確的計算步驟

## 軟體的範圍

當我們啟動電腦時，單只靠鍵盤、滑鼠、CPU 或是硬碟的話無法完成任何事情，需要使用軟體才能夠運作這些硬體設備。

軟體包括 OS（系統軟體）和 application software（應用程式）。**這些不僅包括執行處理的程式，還包括程式運算的數據、以及如何使用程式的準則**（圖 1-1）。

## 設計程式的流程

**編寫程式語言**意指程式設計，有時也稱為系統開發或軟體開發。即使說是編寫一個程式，範圍可能是指圖 1-2 所示的一整個開發過程，也可能僅止於其中的單一過程。

確立主題過程會決定要開發的內容，以及該如何展開設計過程。執行檔稱作為編寫原始碼，有時也稱為編碼。開發的程式經過測試後，確實能正確運作的話才能提供使用，接著進入實際運用以及維護階段。

## 到底什麼是演算法呢？

程式會因**原始碼的編寫方式改變運算時間的長短**。正如我們身邊遇到的問題可以用不同方法解決一樣，編寫程式也有不同的編碼方法（圖 1-3）。這個步驟或是計算方法就稱為**演算法**。這時，選擇使用某種方式可以高效率、大幅減低運算的時間。因此開發人員必須懂得從多種演算法中選擇較好的方法運用。

**圖 1-1　軟體的種類**

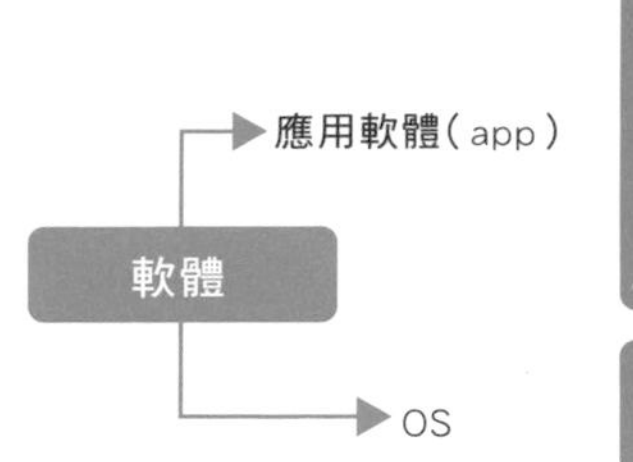


| | 電腦硬體 | 智慧型手機 | 網頁伺服器 |
|---|---|---|---|
| 應用軟體(app) | Word、Excel、網頁瀏覽器、列印、播放音樂、... | SNS、地圖、查詢路徑、網頁瀏覽器、播放音樂、... | 購物網站，客戶管理，搜尋網站、新聞、... |
| OS | Windows、macOS、... | Android、iOS、... | Windows、Linux、... |
| 硬體 | 鍵盤、滑鼠、CPU、記憶體、... | 觸控面板、麥克風、CPU、記憶體、... | 冗餘電源、CPU、記憶體、... |

**圖 1-2　開發流程**

| 確立主題 | 設 計 | 編 碼 | 測 試 | 運用・維護 |
|---|---|---|---|---|
| 決定要做什麼 | 決定怎麼做 | 實際要怎麼做 | 確認正確運作 | 必要時修正 |

**圖 1-3　有多種解題方式**

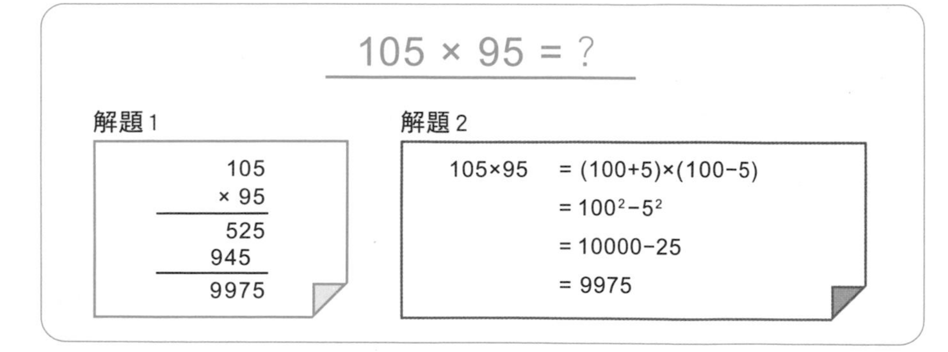


## Point

- 程式是軟體的一部分，創建程式稱為編寫程式
- 程式會因編碼方式不同而影響運算時間的長短，設計者必須要懂得選擇有效率的方法

# » 方便處理的資料

## 方便使用的檔案會因人為和機器操作而異

當我們進行資料處理時，通常都會使用檔案。檔案大致分為文字檔和二進位檔案（圖 1-4）。

文字檔是**完全由字元所構成的檔案**。使用「記事本」等軟體開啟時因為顯示為文字，非常方便閱讀。

而二進位檔案是指**文字檔以外、如圖片和音樂等檔案格式**，需要用專用軟體才能讀取檔案，並且無法被轉換成文字。

## 電腦處理資料的類型

我們需要將檔案執行的具體含義編寫到檔案之中，才能執行此應用程式。二進位檔案可以儲存為方便程式執行的格式，但文字檔可以自訂編寫方式而無項目可言。

例如，在簡單幾個段落的筆記或日記中無法判別在哪裡以及寫了什麼，當需要尋找的時候就必須從頭搜尋來判讀是否吻合。這類資料稱為非結構化資料（圖 1-5）。

但若是像通訊錄等 CSV 文件，其姓名和地址等項目就相對明確。最近，也越來越重視在 HTML 文件之中建構標籤，而這種電腦易於處理的資料被稱為結構化資料。

不僅是檔案如此，在程式內部也是如此，**良好地保存檔案方便尋找，更能快速新增或刪除檔案**。因此，當我們要建立程式的時候，要同時思考演算法的資料結構。

圖 1-4 文字檔與二進位檔案

| 文字檔 | 二進位檔案 |
|---|---|
| ・文章（txt、rtf） | ・圖片（bmp、png、jpeg、…） |
| ・HTML、CSS | ・音樂（mp3、wma、…） |
| ・CSV | ・影音（mov、mp4、…） |
| ・JSON | ・PDF |
| ・XML | ・壓縮格式（zip、lzh、…） |
| ・… | ・… |

圖 1-5 結構化資料、非結構化資料

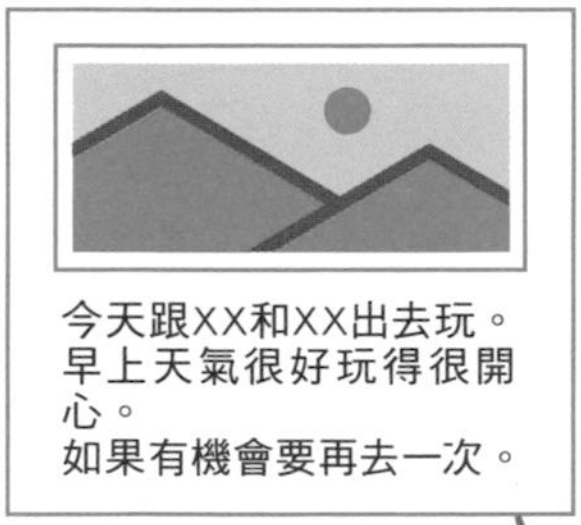

非結構化資料

今天跟XX和XX出去玩。
早上天氣很好玩得很開心。
如果有機會要再去一次。

無法知道哪裡是名字、位置在哪裡

音樂、影音或圖片無法做搜尋

結構化資料

| 姓名 | 郵遞區號 | 地址 | 電話號碼 |
|---|---|---|---|
| 陳○迅 | 100206 | 臺北市博愛路一三一號 | 02-23226871 |
| 蘇○綠 | 100203 | 臺北市重慶南路一段一二四號 | 02-23713260 |
| 蕭○騰 | 106248 | 臺北市和平東路三段一巷一號 | 02-27027308 |
| 林○傑 | 111035 | 臺北市士林區士東路一九○號 | 02-28312321 |

以列為單位，同一項目在同一列中

看標籤可知道內容

```
<html>
  <head>
    <title>○○</title>
  </head>
  <body>
    <header>
      <nav></nav>
    </header>
    <section>
      <h1>標題</h1>
      <article>
        文章的內容
      </article>
    </section>
    <footer>
    </footer>
  </body>
</html>
```

**Point**

- 非結構化資料不適合在電腦等硬體上做搜尋
- 結構化資料的格式可提升執行檔案的效率
- 在程式當中想要快速執行處理，除了演算法之外，資料結構也很重要

# 什麼是好的程式？

## 人們對電腦的需求

當我們使用軟體時，對於「好用」的標準因人而異。討喜的設計外觀，易懂的操作介面，也都可以算是一種基準；如果你是初學者，那麼手冊的易讀性對你來說可能就會很重要（圖 1-6）。

這些標準當然很重要，但是當**習慣使用某個軟體後，你會開始從「能不能更省時處理」的角度來重新審視**。就算再漂亮的設計，如果輸入之後需要花時間等待的話，就不會想再使用這個軟體了。還有，即使反應時間再快，但才處理一下就產生大量檔案使磁碟機容量馬上爆滿，也會妨礙工作效率。

不管是 CPU 跑得再快也好、增加再多記憶體或是硬碟等容量也罷，需要更有效的使用方式才有成效可言。

## 思考運算花費的時間和所需的容量

即使是很有效率的程式，也會因要執行的內容決定需花費時間長短。如果需要進行相當複雜的運算，則不可避免地會花費相對多的時間。

當效率的好壞用時間來做衡量時，就會思考**當數據量增加時會需要多少運算時間**。即使要處理的數據量很大也不會佔用太多時間的演算法，就是「好的演算法」。

但是，不能單看執行時間來判斷。例如，遇到需要花時間執行複雜運算的情況時，我們可以先存放所有的運算結果，再透過搜尋的方式取代重新運算的過程，加快作業的效率，但此方式需要有足夠的存放空間。因此，就必須要思考記憶體和磁碟機的使用量（圖 1-7）。

圖 1-6 可用性的指標（AC 尼爾森對易用性的定義）

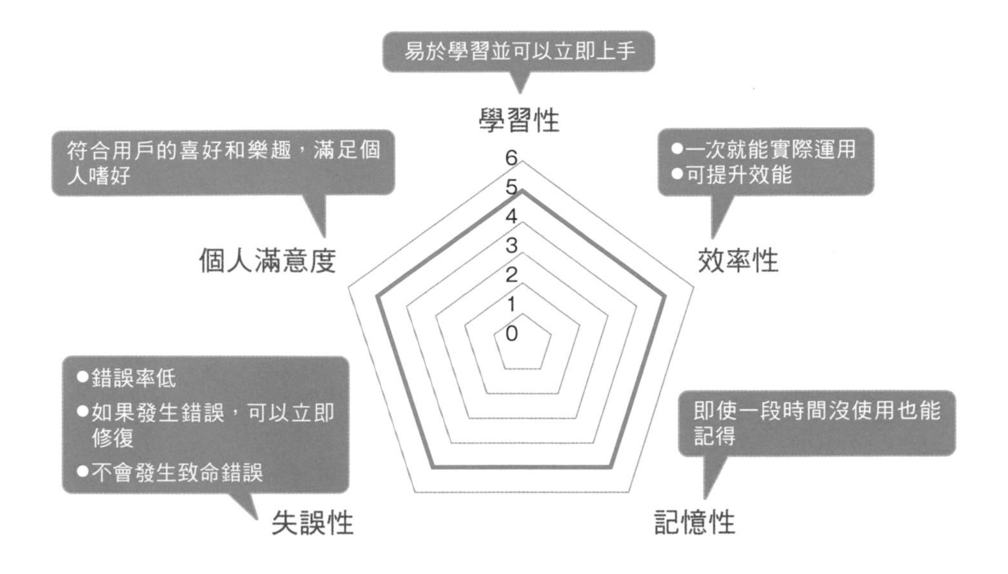


圖 1-7 需要花費的處理時間和所需的使用容量

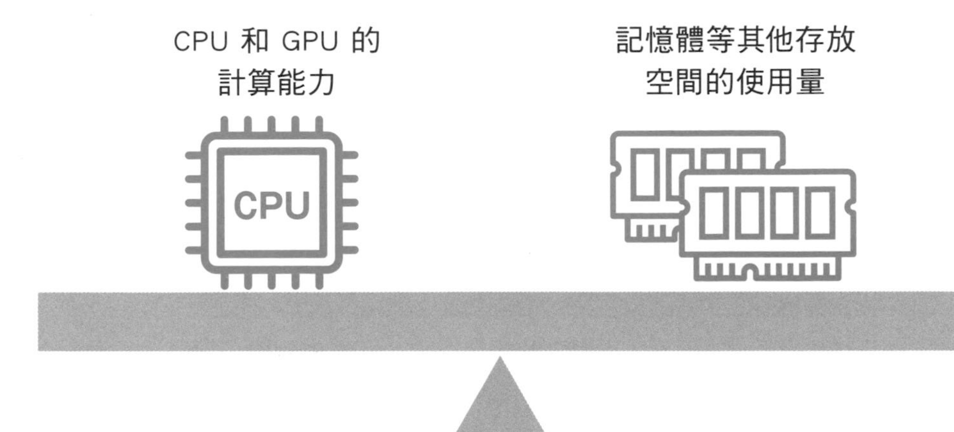


## Point

- 評估軟體好壞時，除了滿意度和易學性之外，效能也是重要指標之一
- 運算的數據量很大也不會佔用太多時間的演算法，就是「好的演算法」
- 即使縮短運算的時間，卻需要占用巨大的存放空間也不具任何意義。因此必須要同時考慮運算所花費的時間和記憶體的使用量

# » 比較演算法的基準

## 演算法執行速度的指標

請試著想像如果程式的數據量增加時，要怎麼知道執行時間的多寡。 可以先漸進式增加執行 10 筆、100 筆、1000 筆的數據量，同時量測實際花費的時間，就能觀察出執行時間的變化趨勢（圖 1-8）。

正因為不是經由如此實測的方式，就無法驗證該演算法的好壞。在**設計階段沒有採用正確的演算法而等到完成開發後才發現問題，有可能會因為沒有時間修正導致來不及如期完成**。

此外，執行時間也會因選用的電腦而異。程式開發者使用高效能的電腦用 1 秒時間就能執行完畢。而普通的電腦可能需要花費到 10 秒時間。

使用不同程式語言，也會發生同樣的事情。相同的演算法用 C 語言實作的執行效率高，但以 Python 類型的腳本語言來執行有可能會花費時間。

因此，不侷限於環境或語言當中，評估演算法的執行效率的指標是**複雜度**。

## 分析複雜度

當有多種演算法時，我們會思考如何比較個別的複雜度。忽略常數值內對整體執行時間影響不大的部分的符號，稱為 **order**（等級）、寫法為 **order notation**。表示 order 時會使用「$O$」符號，也稱為大 $O$ 符號。

例如，輸入的數量為 $n$，等同於此 $n$ 是以 $O(n)$、$n$ 的 2 次方為 $O(n^2)$ 的表示法。也就是說，若評估 $O(n)$ 和 $O(n^2)$ 這兩種演算法時，可以判斷 $O(n)$ 演算法的執行效率較佳（圖 1-9）。

圖 1-8 處理大量資料時執行時間的變化

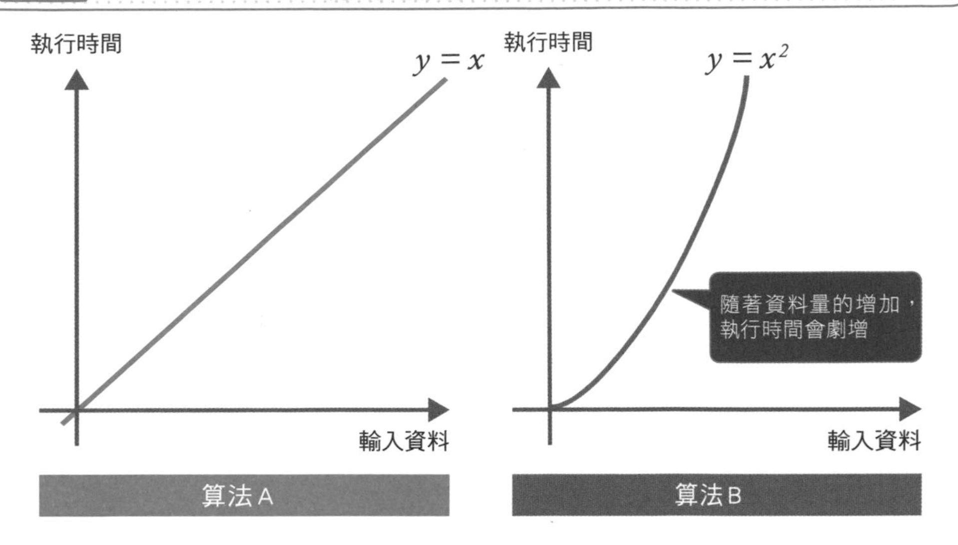


圖 1-9 比較 Order 的複雜度

| 執行時間 | order | 舉例 |
| --- | --- | --- |
| 短 | $O(1)$ | 存取陣列上的元素等 |
| | $O(\log n)$ | 二分搜尋法等 |
| | $O(n)$ | 線性搜尋法等 |
| | $O(n\log n)$ | 合併排序、快速排序等 |
| | $O(n^2)$ | 選擇排序、插入排序等 |
| | $O(n^3)$ | 矩陣乘法等 |
| | $O(2^n)$ | 背包問題等 |
| 長 | $O(n!)$ | 旅行推銷員問題等 |

## Point

- 評估演算法的執行效率的指標是複雜度，文字寫成 Order
- 使用 Order 時可以忽略對整體執行時間影響不大的部分，比較 Order 可以大致看出執行時間的增加方式

# 認識程式語言的差異

## 選擇程式語言

程式是由一連串的原始碼構成，而編寫原始碼所使用的語言稱為**程式語言**。與我們平時使用的日文和英文不同，**它是由電腦執行為前提下產生的語言**，號稱有成千上萬種程式語言存在於這個世界中。

多半都是依照自己的目標或是喜好選擇使用哪種程式語言居多。例如，Windows 應用軟體使用 C#，iOS 應用軟體使用 Swift，Android 應用軟體使用 Kotlin，網頁應用軟體使用 PHP 和 JavaScript 等。再來就是看公司或個人需求選用語言（圖 1-10）。

## 如何轉譯為程式

編寫好的原始碼不代表能夠運行程式，還必須將原始碼轉譯成程式的步驟，其方法有分為**編譯器**和**直譯器**（圖 1-11）。

編譯器是**事先將寫好的原始碼轉譯為程式，再執行完成轉譯後程式**。有如翻譯資料一樣，需要花時間轉換，但執行速度很快。

直譯器是**轉譯一行原始碼就立刻執行的方法**，它像是有翻譯人員同步進行翻譯的感覺。不需要事前的準備作業，但需要執行的處理時間。

近來也出現看起來像直譯器是逐次轉譯，但內部是與編譯器相同轉換方式的程式語言。稱為 **JIT（Just In Time）編譯器**，初次執行的時候需要時間，但是第二次以後的執行速度非常迅速。

圖 1-10 選擇符合需求的程式語言

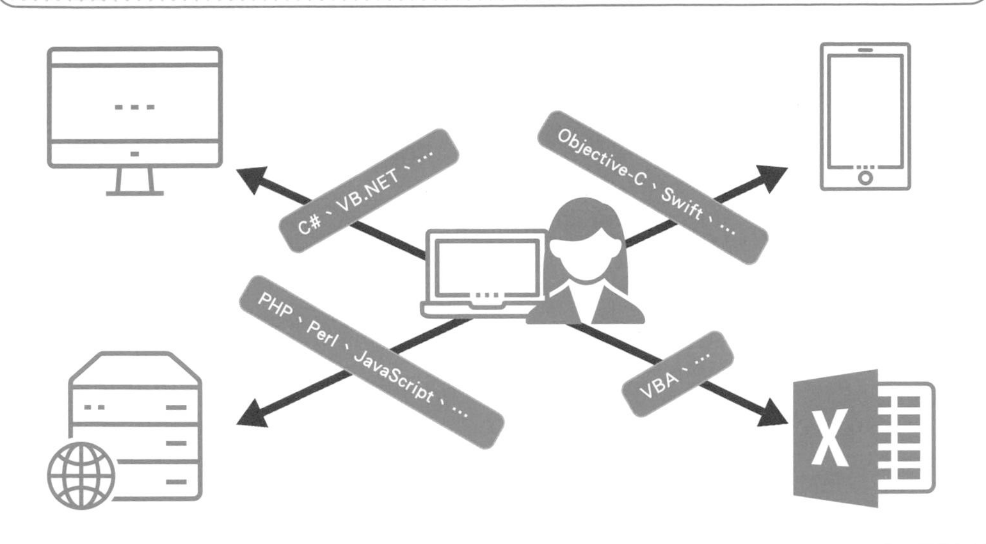


圖 1-11 編譯器和直譯器的差別

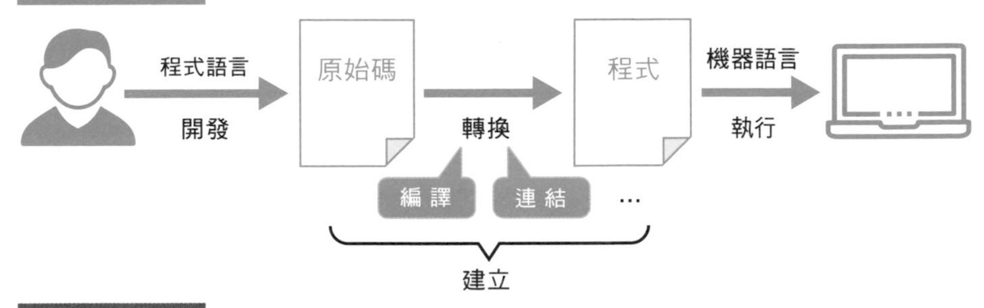


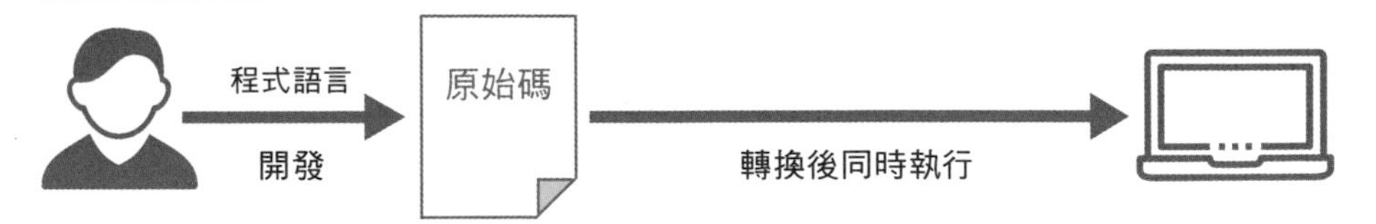


## Point

- 程式語言的種類眾多，要依照需求目的選擇適用的方式
- 執行原始碼編寫出的程式語言需要先透過編譯器、直譯器轉譯處理

# 好用的演算法都在這

## 提供開發通用程式的功能

各個程式語言的許多常用功能在函式庫裡都找得到，例如發送電子郵件、日誌檔案、數學函數和影像處理，以及讀取保存檔案等都是。

有了函式庫**無須從頭實作就能夠輕鬆實現所需的功能**。此外，一個函式庫可分享給多個程式使用，進而有效地利用記憶體、硬碟空間（圖 1-12）。

## 快速實用的函式庫

多數程式語言都會內建常用到演算法的函式庫，程式設計師即使不清楚內部結構也能夠輕鬆實作這些演算法。

例如，在 Java 程式語言中，不僅提供處理日期時間、數學計算、影像處理和發送郵件等功能，搜尋字串和 sort（排序）等功能也都來自於函式庫。只要將它們讀取就簡單完成排序（圖 1-13）。

函式庫可以讓我們不再需要從頭實作排序等其他演算法。大部分的程式語言都是準備資料後，只要呼叫「sort」的指令就能快速執行功能。

或許這樣會讓你覺得沒必要花費太多心力在學習演算法上。當然就工作而言，要用到排序的時候可以從函式庫抓取，但如果沒有具備相關概念的話，有可能會除了排序以外其他都一概不通。內建函式庫裡沒有提供的功能我們就必須要想辦法自行解決問題，**處理類似問題時，光知不知道排序演算法就會影響你寫程式的效率**。

圖 1-12 函式庫

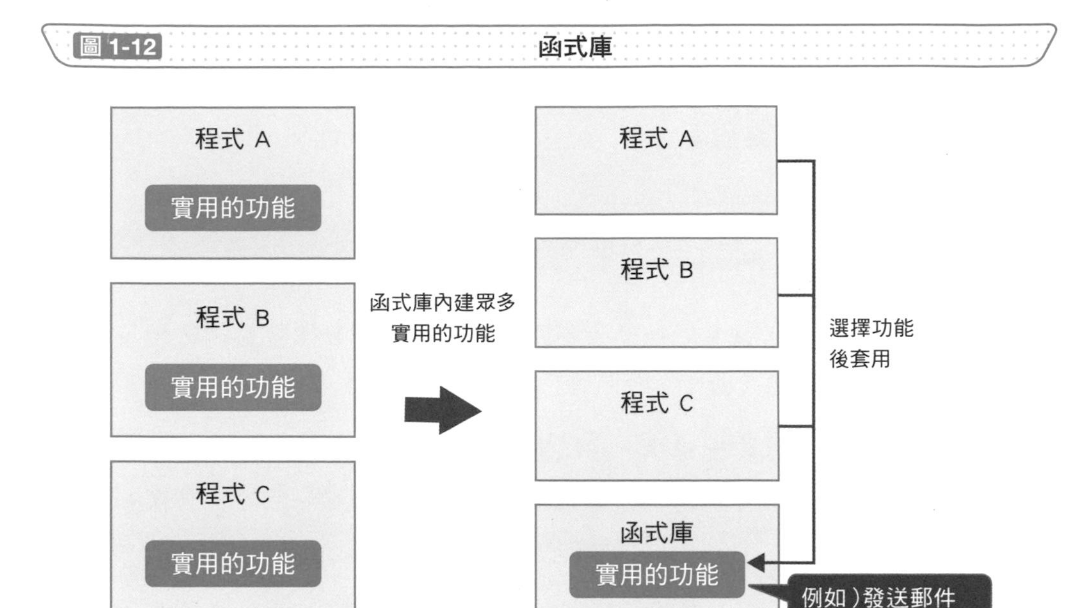


圖 1-13 使用函式庫的原始碼範例（Java 語言）

```
import java.util.Arrays;                          ← 讀取函式庫

class Test
{
    public static void main (String[] args)
    {
        int[] a = {1, 8, 3, 7, 2, 4, 9, 5, 6};    ← 準備
        Arrays.sort(a);                           ← 執行排序
        System.out.println(Arrays.toString(a));   ← 輸出結果
    }
}
```

## Point

- 使用函式庫可輕鬆實現許多程式功能
- 多數程式語言都有內建許多常用演算法的函式庫

# » 演算法的權限

## 保護軟體的制度

軟體與工業產品不同，有易於被他人複製的特性。當你要開發新的軟體時，請想好該如何維護自身權益（圖 1-14）。

一項新的發明依專利法提出申請，經核准後便可獲得**專利權**。如此一來等於獨家擁有該項技術的使用權，如果有第三者未經同意使用該專利的話，有權利要求賠償損失。

而軟體有所謂的**軟體專利**，許多加密技術的手法已經被申請專利，也有因該專利權引起糾紛的訴訟案件。**演算法可以申請發明專利，缺點在於一旦申請該項專利就是將相關技術公諸於世**。還有程式語言不屬於發明的一種，並無專利可言。

## 原始碼的著作權

與專利權相同能夠保護作者權益的還有**著作權**，歸屬文字和音樂創作類型。與專利權不同的是不需要透過申請，只要能證明自己是原創者即享有著作權。

程式的原始碼也受著作權保護，**不能複製他人創建的原始碼用在自己的軟體當中**。由事業單位所開發的原始碼著作權基本上是歸屬於事業單位。以及程式語言和演算法不適用於著作權規範。

近來越來越常見以**公開資源**的形式對外發佈原始碼的平台。有需要時只要符合授權之利用條款，使用者便可以自由地取用、修改和分享。有些會要求公開修改的部分原始碼作為授權條件，請確認授權條款的內容再評估使用（圖 1-15）。

圖 1-14 知識財產權的類別

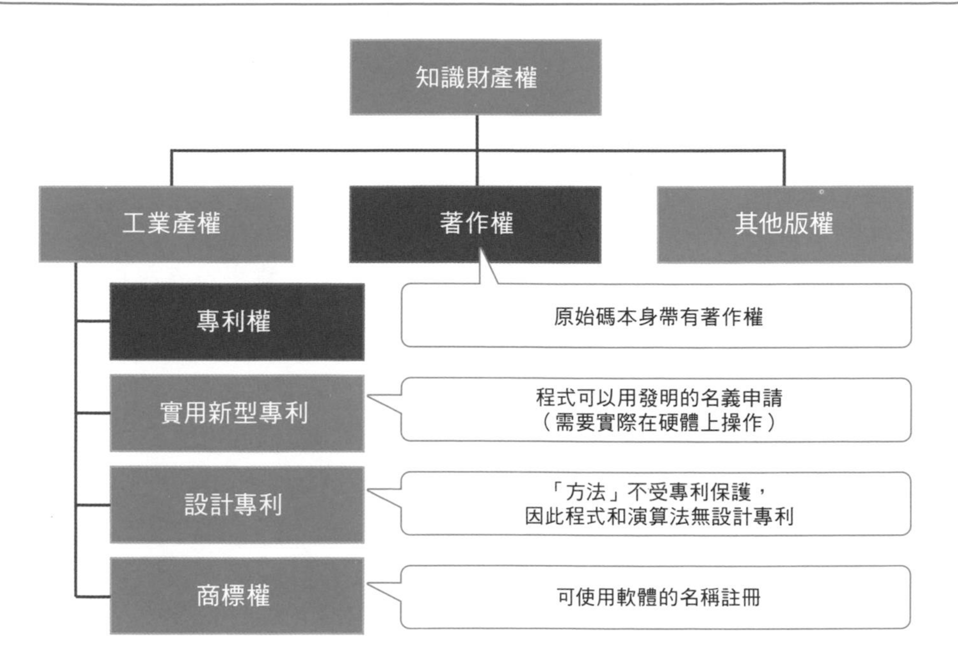


圖 1-15 公開軟體的授權條款

| 分類/類型 | 授權案例 | 公開修改過的原始碼 | 公開其他軟體原始碼 |
|---|---|---|---|
| COPYLEFT類型 | GPL、AGPLv3 、EUPL等 | 需要 | 需要 |
| 半COPYLEFT類型 | MPL 、LGPLv3等 | 需要 | 不需要 |
| 非COPYLEFT類型 | BSD License、<br>Apache 2.0 License、<br>MIT License等。 | 不需要 | 不需要 |

參考：《比較OSS授權的使用趨勢與糾紛調查》（日本信息技術振興機構）

## Point

- 可以申請專利保護新發明的軟體
- 原始碼本身帶有著作權
- 如果需要使用公開資源請記得確認授權條款，唯有遵照條款使用才能夠自由地取用、修改和分享

# 圖解演算法

## 與他人建立共識所用的流程圖

即使懂得如何寫程式，要看得懂別人寫的原始碼也是件難事，就算有用中文寫出備註項目，也是要把每一行執行的內容都看過一遍。這個時候，如果有圖示的流程說明的話是不是會更易於理解呢？

因此用於表示「處理流程」的圖表我們稱做為流程圖。它是由 JIS（日本工業標準）規定的標準規格，不僅用在說明程式執行上，還有行政作業的流程等也以圖表的方式說明各項作業流程。

程式可藉由圖 1-16 的搭配方式來實現基本的執行項目，將這些符號如圖 1-17 排列出的圖表稱為流程圖，如果**希望跟所有人都能夠達成共識，切記要使用標準符號進行繪製。**

## 流程圖的重要性

最近大家在建立程式的時候，不管是在設計階段還是實作階段都越來越少畫流程圖了。這是因為大部分認為先建立好程式並實際確認運作，比畫圖表來得更有效率。有時候因應客戶要求提供資料時，也是先建立完程式之後再來繪製流程圖。

另一方面，在構想物件導向程式設計或是物件導向設計時，常使用一種叫做 UML 的圖表。即便寫出或要看懂原始碼不是件簡單事，但透過繪製流程圖、UML 等圖表能幫助人們方便理解。

而 UML 中有叫做活動圖的圖表也類似於流程圖的結構。到現在流程圖的構想仍然被認為是有效的。

圖 1-16 流程圖常用的標準符號

| 意思 | 符號 | 詳細 |
|---|---|---|
| 起止符號 | | 代表流程圖的開始和結束 |
| 處理符號 | | 表示即將執行的一些動作 |
| 決策判斷符號 | | 表示對某一條件做出判斷<br>記號內寫入其條件 |
| 迴圈符號 | | 表示重複動作<br>設定變數的初始值（上）和終止值（下） |
| 輸入符號 | | 表示需要用戶輸入 |
| 副程式符號 | | 表示一群已經定義流程的組合 |

圖 1-17 基本的流程控制結構

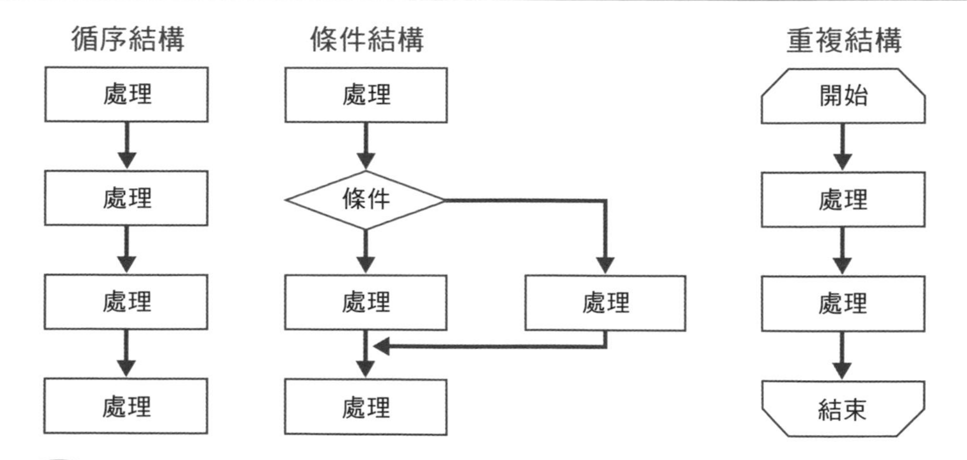


## Point

- 流程圖是用來説明處理流程的圖表
- 程式中有依序執行、決策判斷、迴圈的搭配方式，可以用來説明多種情形
- 雖然程式設計的過程中，不一定要繪製流程圖，但需要向他人説明時，流程圖仍然是一個有效的工具

# » 用寫的計算演算法

## 坐在書桌前思考

一講到演算法，大部分的印象都會是用電腦運行處理的，但它其實只不過是一個處理的步驟，而構想這件事完全不需要用到電腦。**實際要建立程式時，大多數是用紙筆構想該有的步驟為主，而不會從一開始就直接在電腦上編寫原始碼。**

這裡用長除法簡單比喻演算法好了。在小學階段要計算兩位數以上的乘法時，是不是都會用到長除法呢。例如有個要計算 123×45 的題目，試著想像看看如何用長除法來教才剛學九九乘法的小朋友。

圖 1-18 所示的計算案例是用口頭的方式説明各個步驟。再將這些步驟轉換為程式語言的編碼。實際演練過後，你就會知道光要説明這些步驟其實並不簡單。

## 編寫程式就像電台的實況轉播

編寫程式可以想成是**用文字敘述發生在眼前的事情**，這等同於廣播電台實況轉播體育賽事的情況。

電視因為有影像顯示，所以即使不看文字也知道發生了什麼事，但廣播電台若是沒有用語言表達所有一舉一動的發生經過，就無從得知實際的情形（圖 1-19）。

在程式中要編寫演算法也是一樣，要思考該如何才能順利的傳達給對方（電腦）。這個時候，要注意不能有疏忽或者遺漏的錯誤，或是不小心將順序顛倒了，就有可能會跟對方想像的內容有所誤差。

**圖 1-18** 長除法的步驟

❶ 對齊數字並垂直排列

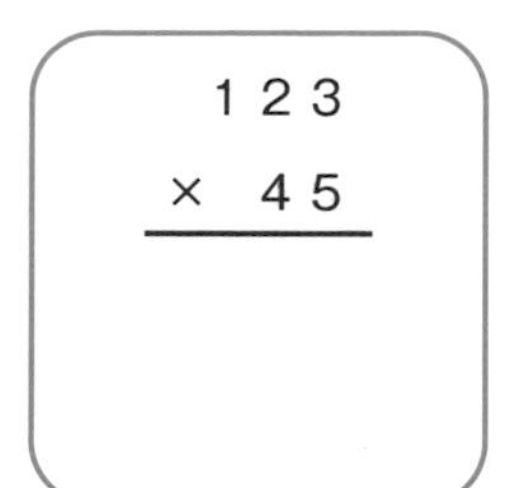


❷ 下行的個位數乘以上行各個數字

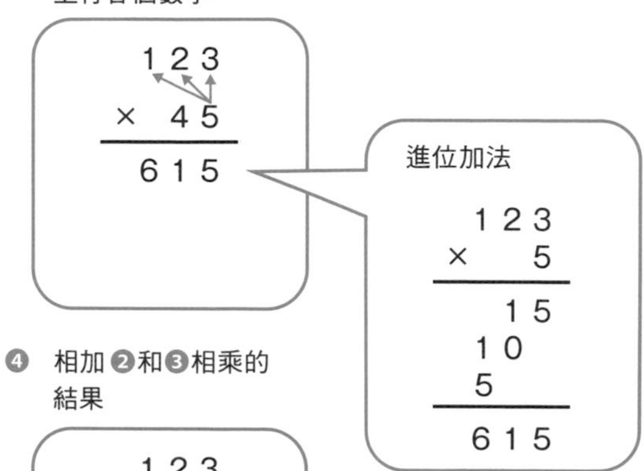


❸ 下行的十位數乘以上行各個數字

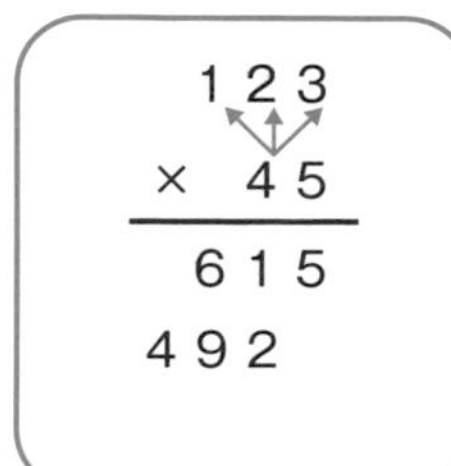


❹ 相加❷和❸相乘的結果

```
  123
×  45
-----
  615
 492
-----
 5535
```

**圖 1-19** 用聽的實況轉播

## Point

- 演算法可以用文字和圖表的形式來表達執行的過程，即便不用電腦也辦得到
- 程式語言只有用文字表示指令的方式，若是有疏忽、遺漏、或是將順序顛倒的錯誤，都無法正確表達

# 查找質數

## 搜尋質數

質數是許多數學家最感到興趣的數字，是**除了 1 和他本身外，無法被其他自然數整除的數字**。例如，2 的因數是「1 跟 2」，3 的因數是「1 跟 3」，5 的因數是「1 跟 5」，所以 2、3、5 都是質數。但是 4 的因數是「1、2、4」，6 的因數是「1、2、3、6」，除了 1 和本身以外還有其他因數，所以 4 跟 6 不為質數（圖 1-20）。

因此，**列出該數字的因數可以判斷出它是否為質數**。因數是指當兩個整數相除可以整除的數字，想要列出 10 的因數，只要照順序從 1 除到 10 就好了。當然也不用從 1 按順序除過一遍，只要找出 1 以外能被整除的整數就有答案了。

還有，以 10 來說的話，如果知道能被 2 整除，就會知道能被 5 整除。其實查找該數字的平方根就夠了。10 的平方根為 3.1……，所以要判斷 10 是否為質數，用 2 和 3 除除看就知道了。

但是，如果數字越大要除的次數就會越多。假如你想查找 10 萬的質數，需要把每個數字都反覆相除，可想而知是多麼花時間的一件事。

## 簡單求出質數的方法

埃拉托斯特尼篩法被認為是快速查找質數的方法。指在一定序列之中標記可以被 2 整除的數字，可以被 3 整除的數字……，是一種依序剔除找到整數的方法。

如圖 1-21，首先剔除 2 的倍數，接著剔除 3 的倍數，連續將倍數剔除最後會剩下的只有質數的概念。使用這個方法，即使要查找像 10 萬這麼大數字的質數，也能縮短許多處理時間。

圖 1-20 1 到 9 的因數

| 數字 | 因數 | 是否為質數 |
|---|---|---|
| 1 | 1 | 1 不是質數 |
| 2 | 1, 2 | 質數 |
| 3 | 1, 3 | 質數 |
| 4 | 1, 2, 4 | 可以被 2 整除所以不為質數 |
| 5 | 1, 5 | 質數 |
| 6 | 1, 2, 3, 6 | 可以被 2 和 3 整除所以不為質數 |
| 7 | 1, 7 | 質數 |
| 8 | 1, 2, 4, 8 | 可以被 2 和 4 整除所以不為質數 |
| 9 | 1, 3, 9 | 可以被 3 整除所以不為質數 |

圖 1-21 埃拉托斯特尼篩法

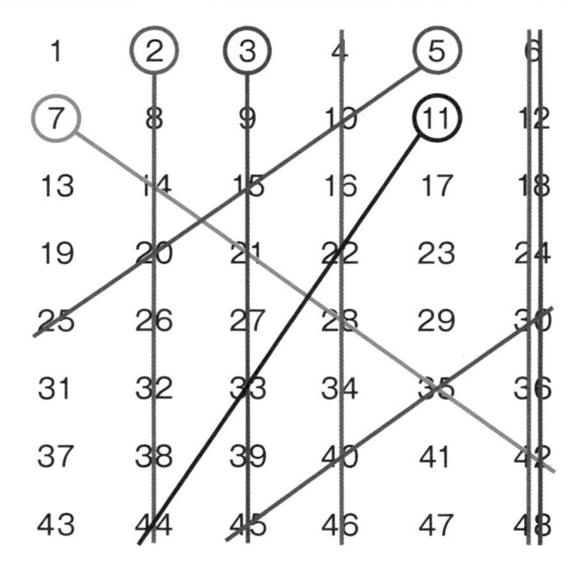


## Point

- 質數是除了1和本身以外，無法被其他自然數整除的數字，如果數字很大的話則查找費時
- 埃拉托斯特尼篩法被認為是快速查找質數的方法

# » 找出共同最大因數

## 查找最大公因數

**1-10** 是利用因數來查找質數的概念，但是多個整數的共同最大因數，稱它們為**最大公因數**。例如用 45 跟 27 這 2 個數字來看好了。

45 的因數是「1・3・5・9・15・45」這 6 個數字，27 的因數是「1・3・9・27」這 4 個數字，與它們相同的因數（公因數）有「1・3・9」，其中又以 9 為最大數字，所以 45 跟 27 的最大公因數是 9（圖 1-22）。

如上所述，找出每個數字的因數，接著再從這些公因數中找出最大公因數，但是全部查找整除的數字也很辛苦。因此，讓我們想想有什麼能夠短時間查找的方法吧。

## 如何快速查找兩個自然數的最大公因數

能快速查找兩個自然數最大公因數的方法稱為**輾轉相除法**。顧名思義，它是一種反覆除去餘數（除法）的計算方法。

設兩數為 $a$ 跟 $b$，$a$ 除以 $b$ 的商為 $q$，用 $r$ 當做餘數即 $a \div b = q \cdots r$。接著求 $b$ 除以 $r$ 的餘數，反覆互除直到整除為 0。其餘數為 0 最後一個除數即是最大公因數（圖 1-23 ）。

使用這個方法，**只要反覆互除，不需要找出每個的因數**。因此以快速查找著名。兩個或兩個以上的整數的最大公因數是 1，即大公因數只有 1 的自然數，則稱它們為「互質整數」。例如，要嚙合齒輪時，如果齒數不為互質的比例，同一個齒會因過度嚙合變得容易損壞（圖 1-24）。像這樣在實際應用上會用最大公因數查核兩數的互質關係。

圖 1-22 最大公因數

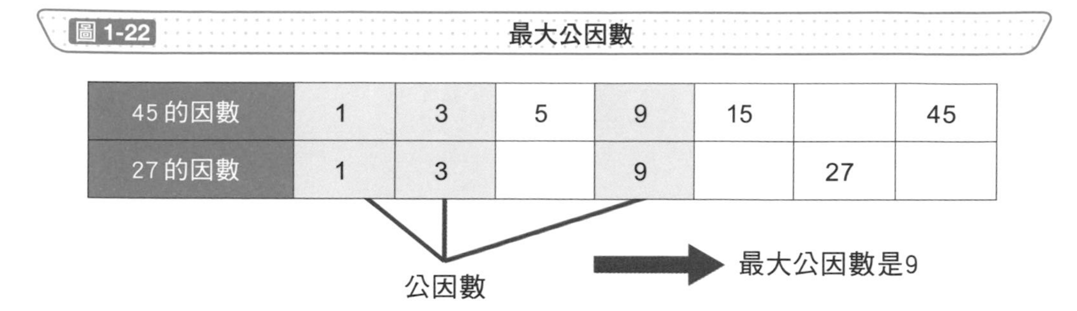

| 45的因數 | 1 | 3 | 5 | 9 | 15 | | 45 |
|---|---|---|---|---|---|---|---|
| 27的因數 | 1 | 3 | | 9 | | 27 | |



圖 1-23 輾轉相除法

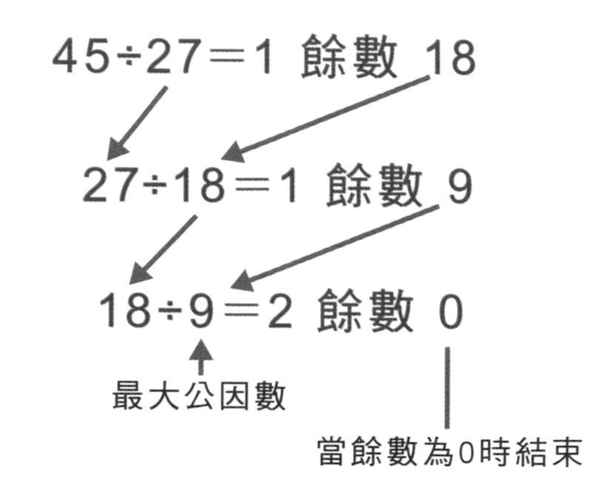


圖 1-24 互質整數

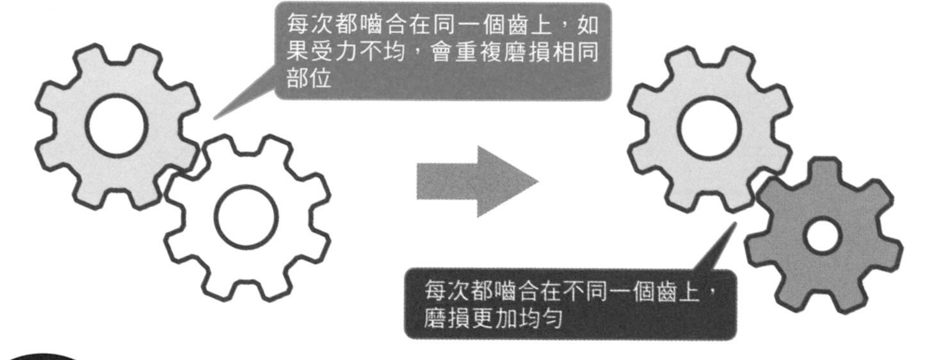


## Point

- 輾轉相除法是快速查找兩個自然數的最大公因數的方法
- 最大公因數是1的情形稱為「互質整數」，有時候的實際應用上會需要用到

# » 益智遊戲引導學習演算法

## 學習演算法的必經之路「河內塔」

河內塔一直是**學習演算法最經典的遊戲**。源自於以下古老的傳說。

「在古印度的神廟前矗立著三根鑲滿了鑽石的柱子，其中之一由上而下套著由小而大 64 片黃金打造的圓盤。僧侶們整天忙著將圓盤搬移到另一根柱子上，據說當所有的圓盤被移動完畢之後，世界末日即將來到，萬物終將被毀滅。」

搬移圓盤的過程有以下規則：

- 所有圓盤大小不同，大圓盤永遠不能放在小圓盤的上面。
- 所有圓盤串放在同一柱子上，圓盤可任意移動至三根柱子。
- 一次只能移動一片圓盤，直到把所有的圓盤都移到另一根柱子上。

## 求出最少移動次數

想想看移動這座河內塔需要的次數。如果先移動 3 片圓盤的話，結果會如圖 1-25 所示，可得知最少的移動次數是 7 次。接下來，試著求出移動 4 個圓盤所需的最少移動次數。如果將 4 片圓盤中最上面的 3 片圓盤用上述相同的方式移動，會剩下 1 片圓盤要移動。用同樣道理繼續移動 3 片圓盤就大功告成了（圖 1-26）。也就是說，4 片圓盤的移動次數需要 7+1+7=15 次。

一般來說，移動 $n$ 片圓盤可以需要移動 $2^n-1$ 次來計算次數。而開頭的傳說是移動 64 片圓盤，就需要 $2^{64}-1$ 次，計算下來即使每秒移動 1 片圓盤，總共需要 5800 多億年才能完成。

圖 1-25　移動 3 個圓盤的過程

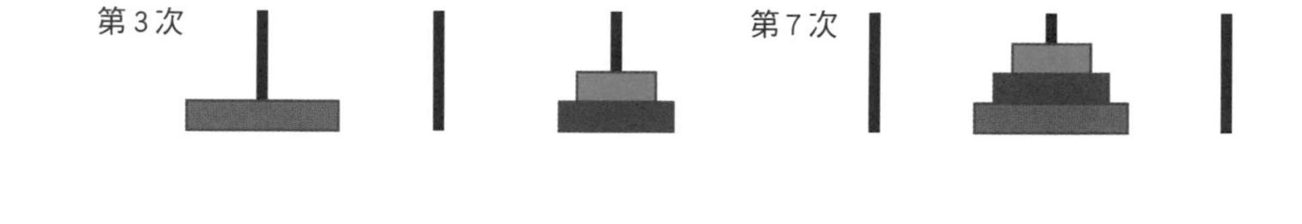


圖 1-26　移動 4 個圓盤的過程

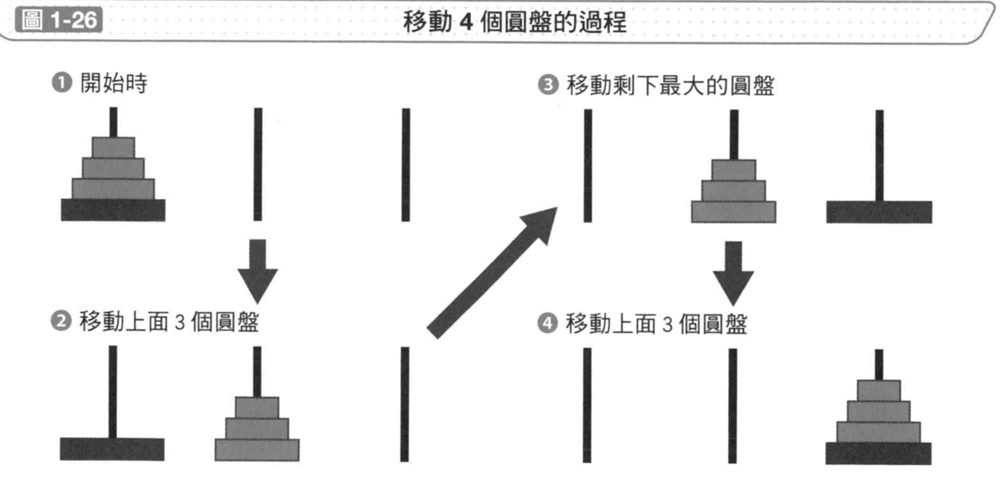


## Point

- 雖然河內塔的操作手法簡單，但如果片數越多需要越多時間處理
- 簡化圓盤的數量有助思考解題的規律性，亦能直覺反應數量趨增時該花費的時間

# 使用隨機值的測試法

## 生成隨機值

電腦會完全按照輸入的指令執行程式，但某些時候你會希望得到的是不同結果，而不是每次都得到相同的值。例如像擲骰子或是抽籤詩，每次都會出現不同的結果，或是想製作類似玩猜拳的對局遊戲，卻總是輸給電腦的出拳結果而感到無趣。

此時，會用到虛擬生成的隨機值（亂數）的方式來執行電腦程式。是透過實際計算得出的數值，並且將此方式生成的隨機值稱為虛擬亂數。

真正的亂數沒有規律性或重複性可言，但虛擬亂數是固定一個稱為 seed（種子值）來生成相同的亂數序列。藉此**可以確保每次的模擬結果完全相同，方便除錯與驗證程式**。

## 隨機模擬

亂數不僅使用於遊戲程式當中，亦可用於摸擬過程的被稱為蒙特卡羅方法。其中最常見的應用是，國小數學計算圓周率（π=3.14⋯）近似值的例子。

如圖 1-27 所示的平面坐標中，隨機產生 $0 \leqq x \leqq 1$，$0 \leqq y \leqq 1$ 範圍內的亂數點。測試該亂數點是否滿足 $x^2+y \leqq 1$。此時的總面積為 1×1=1，而扇形部分的面積為 1×1×π÷4，因此，若隨機擲出 400 個點，大約會有 314 個符合這個條件；若擲出 4,000 個點，大約會有 3,141 個點能夠滿足此條件。

就我手頭上的環境所執行的結果如圖 1-28 所示，可以看出當產生的亂數點增加時，近似值的精確度會越好。像這樣運用亂數的方法，在第 6 章的機器學習也會使用到。

圖 1-27　蒙特卡羅方法

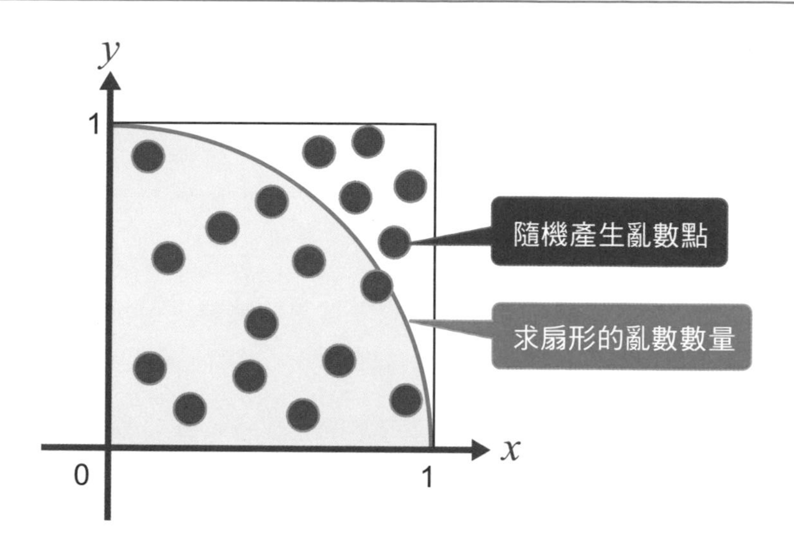


圖 1-28　模擬計算的結果

| 產生的亂數點（個） | 扇形內的亂數點（個） | 圓周率的近似值 |
| ---: | ---: | ---: |
| 100 | 76 | 3.04 |
| 1,000 | 782 | 3.128 |
| 10,000 | 7,838 | 3.1352 |
| 100,000 | 78,711 | 3.14844 |
| 1,000,000 | 785,610 | 3.14244 |
| 10,000,000 | 7,853,257 | 3.1413028 |
| 100,000,000 | 78,540,587 | 3.14162348 |
| 1,000,000,000 | 785,416,398 | 3.141665592 |

## Point

- 當電腦需要一個隨機值時，可採用虛擬亂數
- 用亂數進行模擬計算而聞名的方法是蒙特卡羅方法

## 試試看

### 比較各個函數中的數值是如何增加的

本章節中介紹到複雜度和 Order 的概念。然而，光看函數的計算式，實在是很難想像當輸入的資料量增加時，會影響運行的時間增加到什麼程度。

可以用 Excel 等試算表軟體將運行時間的增加趨勢繪製成圖表的形式。使用試算表軟體的好處除了套用公式就可以簡單計算以外，還可以輕鬆建立圖表。

例如輸入下圖的函數至試算表軟體的儲存格中，請將 C 或 D 欄往右邊複製（ A 欄是各函數的名稱，從 B 欄之後的是各個函數值）。

| | A | B | C | D | …… |
|---|---|---|---|---|---|
| 1 | x | 1 | =B1+1 | =C1+1 | …… |
| 2 | x*x | =B1*B1 | =C1*C1 | =D1*D1 | …… |
| 3 | x*x*x | =B1*B1*B1 | =C1*C1*C1 | =D1*D1*D1 | …… |
| 4 | 2**x | =POWER(2,B1) | =POWER(2,C1) | =POWER(2,D1) | … |
| 5 | log(x) | =LOG(B1) | =LOG(C1) | =LOG(D1) | … |
| 6 | x*log(x) | =B1*LOG(B1) | =C1*LOG(C1) | =D1*LOG(D1) | … |
| 7 | x! | =B1 | =B7*C1 | =C7*D1 | … |

往右邊複製 5 次、複製 10 次、或複製 20 次時，確認增加列數的結果，可看出輸入值是如何連續增加的。此外，可以練習選取不同的複製範圍後試著建立折線圖。

從圖表可知，當輸入值（ $x$ 值）越大，可看出運行時間的 Order（ $y$ 值）有明顯增加。

第2章

# 檔案的保存方式

~各個的結構與特徵~

# 整數的表現方式

## 日常生活中常用到的 10 進位

我們會使用 0~9 這 10 個數字表示產品的價格及物品的長度、重量、速度等各進位制。從個位數進位到 10 位數，再從 10 位數進位到 100 數，當要增加進位數都會使用到 0~9 進位，這樣的數字系統稱為 **10 進位**。

使用 10 進位的理由是人的雙手有 10 支手指，可以方便計算。**如果有學會 0~9 的乘法，不管多麼大的數字都能算得出來**。這也是學習九九乘法的原因所在。

## 電腦採用 2 進位的優點

因為電腦是靠電路控管來運轉，**要控制它的「開」和「關」非常簡單**。通常用 0 和 1 這 2 個數字代表 **2 進位**系統。與 10 進位相同，如果足個位數則進位。

10 進位的對應關係如圖 2-1 所示。如果這時候出現「10」的數字，會讓人搞不清楚是 10 進位的 10 還是 2 進位的 10。因此會在數字的右下角備註基數，表示 10 進位的 18 代表是 2 進位的 $10010_{(2)}$。至於 2 進位的加法或乘法，可以準備一份像圖 2-2 的數值對應表來替代計算。10 進位的 3×6 會是 2 進位的 $11_{(2)} \times 110_{(2)} = 10010_{(2)}$ 計算結果，也和圖 2-1 中的 10 進位的 18 相同。

## 減少位數的 16 進位

即便 2 進位足以用來表示數字，但隨著數字的增加也會讓位數迅速增多，例如 10 進位的 255、即 2 進位的 $11111111_{(2)}$ 會變成是 8 個數字，而且有很多 0 和 1 的排列組合會不便於人類理解，因此常見使用 0~9 的數字加上 A、B、C、D、E、F 字母，共有 16 種符號的 **16 進位**。

圖 2-1 10 進位、2 進位、16 進位的數值對應表

| 10進位 | 2進位 | 16進位 | 10進位 | 2進位 | 16進位 |
|---|---|---|---|---|---|
| 0 | 0 | 0 | 16 | 10000 | 10 |
| 1 | 1 | 1 | 17 | 10001 | 11 |
| 2 | 10 | 2 | 18 | 10010 | 12 |
| 3 | 11 | 3 | 19 | 10011 | 13 |
| 4 | 100 | 4 | 20 | 10100 | 14 |
| 5 | 101 | 5 | 21 | 10101 | 15 |
| 6 | 110 | 6 | 22 | 10110 | 16 |
| 7 | 111 | 7 | 23 | 10111 | 17 |
| 8 | 1000 | 8 | 24 | 11000 | 18 |
| 9 | 1001 | 9 | 25 | 11001 | 19 |
| 10 | 1010 | A | 26 | 11010 | 1A |
| 11 | 1011 | B | 27 | 11011 | 1B |
| 12 | 1100 | C | 28 | 11100 | 1C |
| 13 | 1101 | D | 29 | 11101 | 1D |
| 14 | 1110 | E | 30 | 11110 | 1E |
| 15 | 1111 | F | 31 | 11111 | 1F |

圖 2-2 進位運算

| 加法 | 乘法 |
|---|---|
| 0 + 0 = 0 | 0 × 0 = 0 |
| 0 + 1 = 1 | 0 × 1 = 0 |
| 1 + 0 = 1 | 1 × 0 = 0 |
| 1 + 1 = 10 | 1 × 1 = 1 |

加法的進位

```
  100
+ 111
-----
 1011
```

乘法的進位

```
    11
 × 110
------
    11
   11
------
 10010
```

**Point**

- 10 進位使用從 0~9 的 10 個數字，但 2 進位使用 0 和 1 的 2 個數字，16 進位則是從 0~9 的數字和字母 A 到 F 的 16 種符號表示
- 電腦是採用 2 進位運作，但是 2 進位的表示法會讓位數一直增加，所以常見使用 16 進位表示

# 資料的單位

## 資料的最小單位是 Bit

電腦表示資料的最小單位稱為位元（Bit），**表示是 2 進位之中的個位數即「0」或「1」**的意思。也就是說 1 位元會有 0 和 1 這 2 種狀態變化。

$2^2$ =4 種狀態，$2^3$ =8 種狀態，以此類推，當位數增加時，應相乘的數值也隨之增加。8 位元為 $2^8$=256，16 位元為 $2^{16}$=65536，32 位元為 $2^{32}$= 大約 43 億。可以參考圖 2-3 方便辨識以 2 為底的指數大小。

## 表示資料量的單位是 Byte

位元組（Byte）是比位元還更常用於表示資料量的單位，會以 B 當作單位的表示法。由於 1 位元組 =8 位元，以 2 進位系統來說可以使用 8 位數表示，加上進位前綴也可以表示更大的容量單位（圖 2-4）。

有時候也使用 2 進位前綴做為電腦儲存裝置的容量表示單位。就人類的感覺來說，1KB 或 1MB 的單位比較能直覺性反應，由於**電腦是採用 2 進位的表示法，會與實際的保存區域有些誤差**。

## CPU 處理的記憶體容量

我們會使用 32 位元和 64 位元來描述電腦系統架構，例如 Windows 10 有出 32 位元和 64 位元版本提供選擇，這表示 CPU 處理記憶體位址的容量大小。從圖 2-3 和圖 2-4 可以看出，32 位元只能處理到 4GB 左右的記憶體容量。

圖 2-3 以 2 為底的指數大小

| 位元數 | 識別數 | 位元數 | 識別數 |
|---|---|---|---|
| 1 | 2 | 9 | 512 |
| 2 | 4 | 10 | 1,024 |
| 3 | 8 | … | … |
| 4 | 16 | 16 | 65,536 |
| 5 | 32 | 20 | 1,048,576 |
| 6 | 64 | 24 | 16,777,216 |
| 7 | 128 | 32 | 4,294,967,296（約43億） |
| 8 | 256 | 64 | 約1844京 |

圖 2-4 常見的資料容量單位

| 單位 | 資料容量 | 2進位前綴 | 資料容量 |
|---|---|---|---|
| Byte (B) | 8bit | Byte (B) | 8bit |
| Kilobyte (KB) | $10^3 = 1000$ B | Kibibyte (KiB) | $2^{10} = 1024$ B |
| Megabyte (MB) | $10^6 = 1000$ KB | Mebibyte (MiB) | $2^{20} = 1024$ KiB |
| Gigabyte (GB) | $10^9 = 1000$ MB | Gibibyte (GiB) | $2^{30} = 1024$ MiB |
| Terabyte (TB) | $10^{12} = 1000$ GB | Tebibyte (TiB) | $2^{40} = 1024$ GiB |
| Petabyte (PB) | $10^{15} = 1000$ TB | Pebibyte (PiB) | $2^{50} = 1024$ TiB |
| Exabyte (EB) | $10^{18} = 1000$ PB | Exbibyte (EiB) | $2^{60} = 1024$ PiB |

## Point

- 2 進位的個位數表示的容量是 1 位元，常以 8 位元作為 1 位元組使用
- 要表示的資料容量越大，可以用 Kilobyte 或是 Megabyte 作為進位前綴，作為 2 進位前綴的有 Kibibyte 或是 Mebibyte 等單位

# 小數的表現方式

## 使用小數時的注意事項

10 進位包括個位數、十位數、百位數，各個位數可以是 $10^0$、$10^1$、$10^2$ 來表示。同樣原理表示 2 進位的值為 $2^0$、$2^1$、$2^2$。也就是說將各個位數的值相乘之下，用 2 進位可以求得 10 進位的值（圖 2-5）。

當轉換的值是整數時，**10 進位轉換為 2 進位的值，再從 2 進位轉換回 10 進位的值會完全一致**（取決於電腦能夠處理的上限值）。若對小數採用與整數相同的方式轉換，有可能會是循環小數的結果。

例如，10 進位的 0.5 以分數表示的話是$\frac{1}{2}$，用 2 進位的話可以表示成 0.1。但是 10 進位的 0.1 會是 2 進位的 0.0001100110011……一直無限循環。

換句話說，將其值轉換回 10 進位時不會與原始值相同。這與用電腦運算 1÷9=0.11111……，再回乘 9=0.99999……一樣，不會再是 1 的意思。

## 使用小數時的運算重點

即使得到的是循環小數，也有不得不使用小數的時候。電腦對於處理小數經常使用浮點數運算做為表現方式，這是由 IEEE 754 定義出的標準格式，其中以單精度浮點數（32 位元）和雙精度浮點數（64 位元）最為廣泛使用（圖 2-6）。

這是一種將其分為符號位、指數位和分數位以固定長度表示的方法，也就是實數，眾多的程式語言也多採用實數的表示法。雖然實數可以是整數和小數的表現方式，但只是把近似值當作實數表示。其他例如像經手貨幣交易這類無法容許誤差的情形，也會將 10 進位數轉換成 2 進碼 10 進位來運算（圖 2-7）。

**圖 2-5　從二進位轉換為十進位**

| 1 | 0 | 1 | 0 | 1 | 1 | 0 | |
|---|---|---|---|---|---|---|---|
| × | × | × | × | × | × | × | |
| $2^6$ | $2^5$ | $2^4$ | $2^3$ | $2^2$ | $2^1$ | $2^0$ | |
| ↓ | | ↓ | | ↓ | ↓ | | |
| 64 | + | 16 | + | 4 + | 2 | | = 86 |

**圖 2-6　點數的表示方式**

單精度浮點數（32位元）

| 單位（1位元） | 指數位（8位元） | 分數位（23位元） |
|---|---|---|

雙精度浮點數（64位元）

| 單位（1位元） | 指數位（11位元） | 分數位（52位元） |
|---|---|---|

**圖 2-7　2 進碼 10 進位**

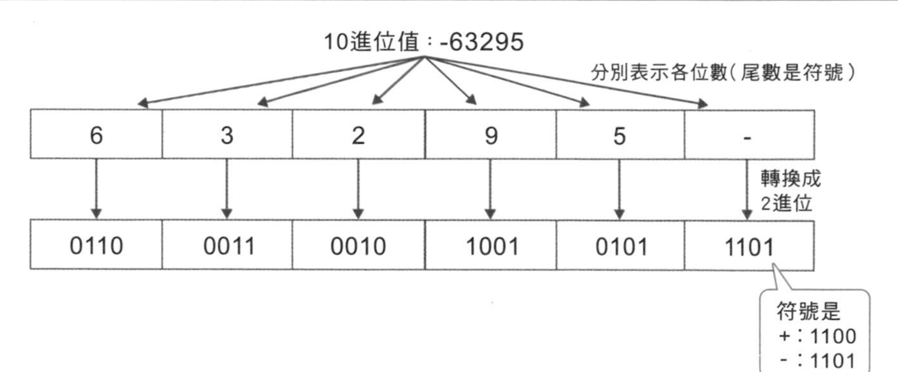


## Point

- 10 進位的小數要轉換成 2 進位可能會出現循環小數的結果
- 電腦對於處理小數經常使用浮點數運算，由 IEEE 754 定義出的標準格式
- 經手貨幣交易時常會使用到 2 進碼 10 進位的運算法

# 字元的表現方式

## 電腦使用的字元

電腦不只是會處理數字而已，還可以輸入和輸出字元。這個時候**字元在電腦內部被當作是整數運行，然後再表示出該數字所對應的字元**。

例如，字母「A」是 65（16 進位則是 41），字母「B」是 66（16 進位是 42），字母「C」是 67（16 進制是 43），如此將數字搭配字元的編碼稱為字元編碼。

一般來説如果是字母或是數字的話，通常會使用稱為 **ASCII** 的字元編碼。如圖 2-8 的表格所示。字母表中有 52 種大小寫字母，再加上 0 到 9 的 10 種數字和部分符號跟控制字元，共需要有 128 種編碼的對照表。由於 $2^7$=128，要表示 128 種編碼必須要有 7 位元，而 ASCII 就是這 7 位元加上 1 位元使用 8 位元來表示一個字元。

## 表示日文的機制

ANSI 是美國所制定的一種編碼，主要本來是用來存儲英文字元。不同的國家和地區制定不同的標準，由此產生了 EUC-JP、Shift_JIS 等編碼標準，這些被稱為雙位元組字元。但由於每個字元編碼的對照表不一，如果開啟不相同的字元編碼則會無法正確顯示，此情形稱為亂碼（圖 2-9）。

近來，編碼長度可用於超出 16 位元的字元、以及能支援世界各地的字元編碼 Unicode 的使用頻率越來越高，也降低出現亂碼的情形。但是要**處理程式中的字元之前，需要先瞭解字元編碼的基本知識**。基本上建議避免親自實作字元編碼的相關處理，請利用程式語言或是函式庫等提供字元處理的編碼函式。

**圖 2-8　ASCII 編碼表（彩色部分為控制字元）**

| | -0 | -1 | -2 | -3 | -4 | -5 | -6 | -7 | -8 | -9 | -A | -B | -C | -D | -E | -F |
|---|---|---|---|---|---|---|---|---|---|---|---|---|---|---|---|---|
| 0- | | | | | | | | | | | | | | | | |
| 1- | | | | | | | | | | | | | | | | |
| 2- | SP | ! | " | # | $ | % | & | ' | ( | ) | * | + | , | - | . | / |
| 3- | 0 | 1 | 2 | 3 | 4 | 5 | 6 | 7 | 8 | 9 | : | ; | < | = | > | ? |
| 4- | @ | A | B | C | D | E | F | G | H | I | J | K | L | M | N | O |
| 5- | P | Q | R | S | T | U | V | W | X | Y | Z | [ | \ | ] | ^ | _ |
| 6- | ` | a | b | c | d | e | f | g | h | i | j | k | l | m | n | o |
| 7- | p | q | r | s | t | u | v | w | x | y | z | { | | | } | ~ | |

※控制字元：執行螢幕顯示器和印表機等特殊指令的字元。

**圖 2-9　日文出現亂碼的範例**

## Point

- 在電腦上處理字元時，表示的字元是由數字搭配字元的字元編碼
- 日文無法使用 8 位元的編碼長度，都是用雙位元組字元表示
- 近來，越來越常使用到能夠支援世界各地字元編碼的 Unicode

# 命名特定的名稱位址

## 記憶體中的儲存位置

在程式中執行資料時會將該值暫存於記憶體中並讀取使用其內容。此時**為了識別所在地會命名記憶體中的儲存位址**。

以這種的方式命名記憶體中的位址稱為**變數**。在數學裡也會出現像 $x$、$y$ 的符號當成變數使用，但在程式之中是透過命名的方式使用（圖 2-10）。

變數顧名思義可以更改儲存的值。將值儲存在變數稱為**賦值**，一旦進行賦值後儲存在變數中的值將被覆寫。也就是說，只保留最後一次的賦值。例如大多數程式語言中書寫「$x = 5$」是代表「$x$ 變數就是 5」，這表示無論 $x$ 之前的變數是任何值，在這之後都以 5 做為變數值的意思（圖 2-11）。

透過指定變數名稱的方式可以取得每個變數持有的值做讀取使用，等於使用該變數可以保留複雜計算的結果，必要時也可從執行中重新利用其結果，非常有效率。

## 防止儲存值不被更改

雖然變數可以方便更改儲存值，但也會有不需要在該程式進行更改儲存值的時候。在這種情況下仍然還是可以使用變數，設定儲存值無法被更改**可以預防發生運算結果的錯誤**。

因此，許多程式語言都提供一種方法可以防止儲存後的值被更改，也就是所謂的**常數**。與變數相同，可以用指定名稱方式來讀取其內容，如果有人嘗試要更改儲存值的話則會出現錯誤（圖 2-12）。

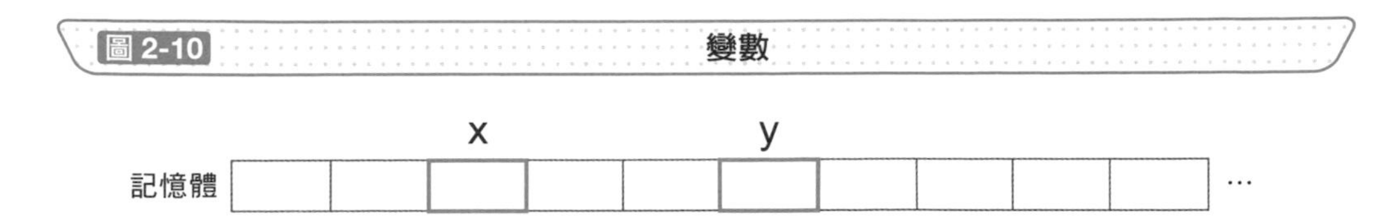


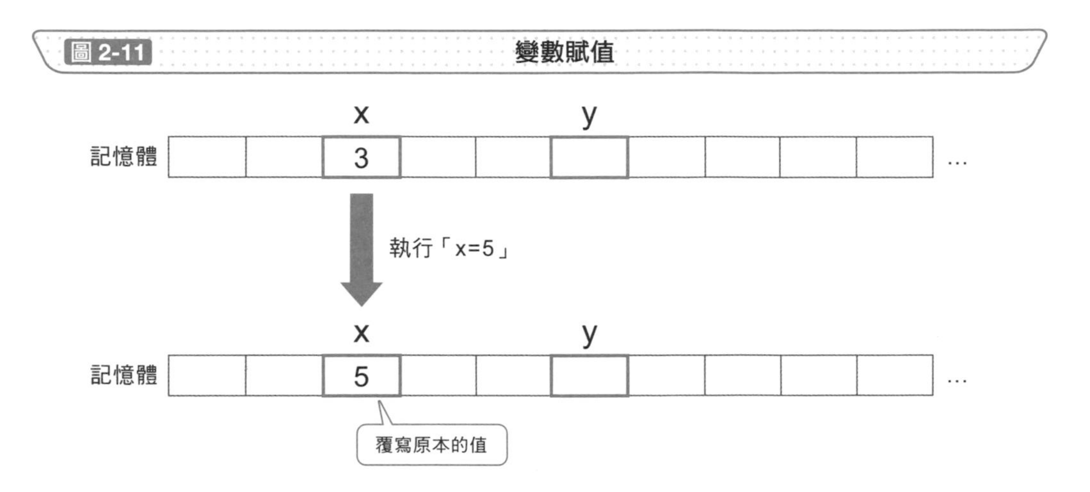


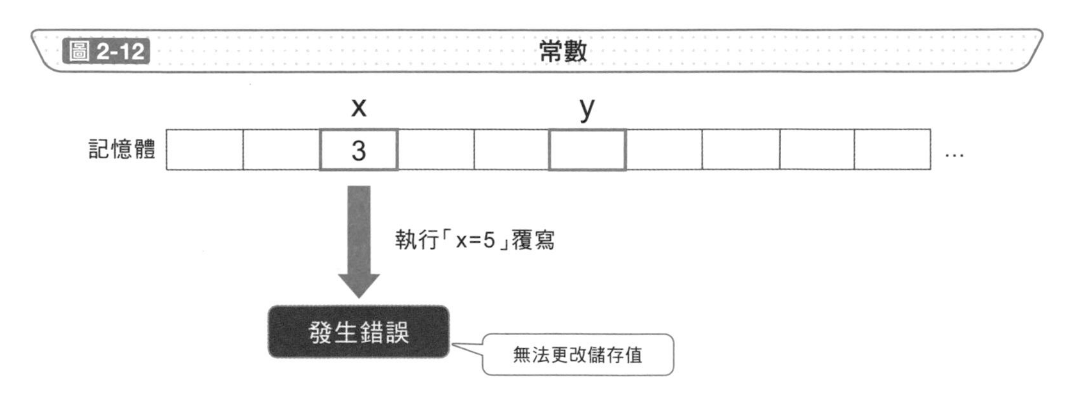


## Point

- 如果使用變數的話，可以暫存記錄該值，並覆寫已儲存的內容
- 如果使用常數則無法更改儲存後的值，即使被誤當作變數使用，也可以防止值被更改

# 保存資料的大小

## 依照資料型別決定要儲存的容量

變數會因為儲存值的關係需要的區域不一。例如，只能儲存 0 和 1 這 2 種狀態的變數預留再大的區域也沒有用，這樣子的變數越多，記憶體反而只會越來越不夠用。因此，對應基本的資料類別其有效的儲存範圍也有所規定，並將其稱為**型別**或是**資料型別**。

例如，最常使用到的是整數型別。**商品的價錢、數量、順序、頁數等數字都是我們日常生活中會使用到的整數，因此有屬於它的型別**（圖 2-13）。

絕對不會是負數的排名、頁數等情況，則會使用無符號整數型別來取得最大值，一般情況下使用有符號整數型別居多。

## 轉換資料型別

「想把整數型別資料轉換為浮點數型別資料」「想把字符串的 "123" 資料轉換成整數型的 123 資料」，像這類把目前的型別轉換成其他的型別稱為**型別轉換**（圖 2-14）。

即便程式設計師沒有明確指定需要型別轉換，編譯器也會嘗試自動進行型別轉換，這稱為隱式型別轉換。例如，用單精度浮點的值做為雙精度浮點的變數賦值，其值也不會有所變化。

另一方面，用原始碼指定要轉換的型別強制轉換型別的方法，稱為顯式型別轉換（cast）。如果將浮點數的值做為整數型別的變數賦值，會導致小數點以下部分被捨棄並遺失，將 32 位元的整數做為 8 位元整數型別的變量賦值則無法存放，所以每個程式語言都有不同的型別轉換（圖 2-15）。

圖 2-13 整數型別能夠處理的數字範圍

| 大小 | 帶符號（有符號） | 無符號 |
| --- | --- | --- |
| 8位元 | -128～127 | 0～255 |
| 16位元 | -32,768～32,767 | 0～65,535 |
| 32位元 | -2,147,483,648～2,147,483,647 | 0～4,294,967,295 |
| 64位元 | -9,223,372,036,854,775,808<br>～9,223,372,036,854,775,807 | 0～<br>18,446,744,073,709,551,615 |

圖 2-14 型別轉換

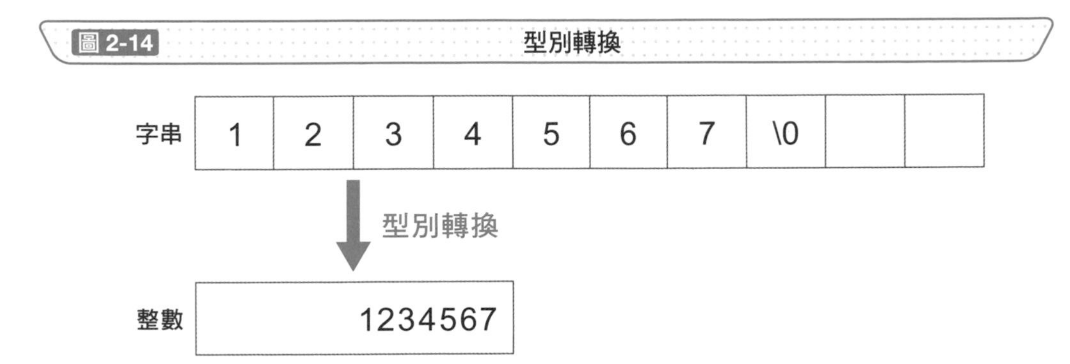


圖 2-15 訊息遺失的範例

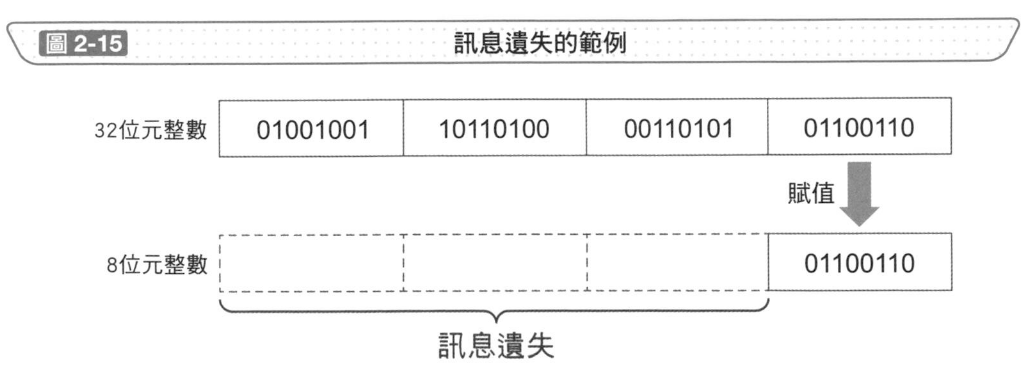


## Point

- 整數分為無符號和有符號的型別，依據其範圍能表現的值而有所不同
- 透過型別轉換可以轉換成為不同的型別，但可能會有部分訊息被捨棄並遺失

# 連續儲存空間

## 存放相同型別資料

在程式中可以有很多個不同的變數，但遇到要依序處理的時候，要一個一個指定變數是很繁瑣的過程，因此，在程式設計中會預留儲存位址，讓使用者可以命名多個變數名稱（圖 2-16）。

這些連續相同型別排列的資料結構稱為陣列，儲存在陣列之中的資料稱為元素。使用陣列**不僅可以整合多筆資料和定義型別，還能對每個元素附加編號**。許多程式語言都是從 0 開始編號，然後是 1，再來是 2⋯依此類推，這些編號稱為索引（下標），可以透過指定陣列的名稱和索引找出各個元素。

此外，按事前決定元素的數量指定陣列長度的稱為靜態陣列。若事前確定元素的數量能確保陣列效率更高，但無法儲存超出指定長度的資料筆數。

如果無法事先確定元素的數量，另外有運行時增加或減少元素數量的方法可以使用。這稱為動態陣列，雖然可以依需求更改元素的數量，但在作業上相對的會降低效率。

## 陣列的缺點

指定陣列的索引值可以快速讀取各個元素，但是現在讓我們想想看要如何在陣列中添加和刪除元素。

如果在陣列之間新增元素的話，**其之後的元素要全部往後平移一位**（圖 2-17）。刪除元素時也是如此，為了能夠維持從前端連續性讀取的結構，少不了將後方的元素往前方搬移的作業，這需要花費時間（圖 2-18）。

圖 2-16 陣列

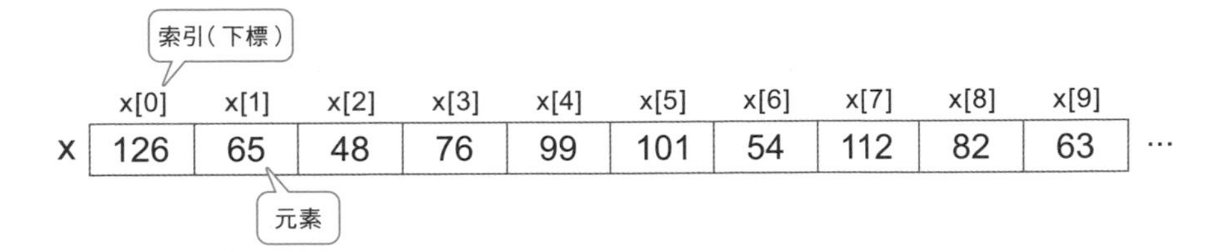


圖 2-17 新增陣列元素

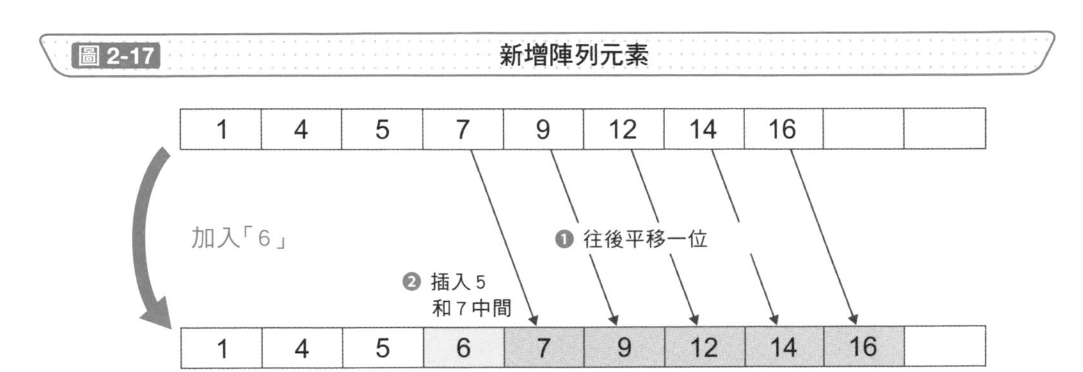


圖 2-18 刪除陣列元素

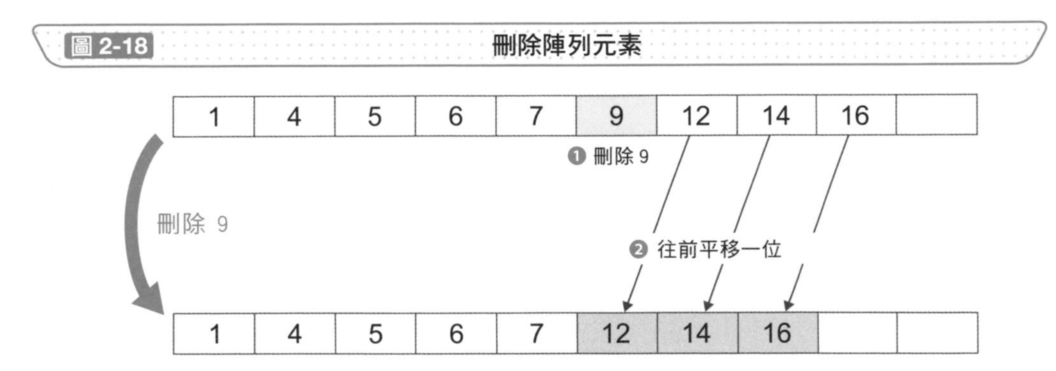


## Point

- 使用陣列可以整合多筆資料和定義型別，從前端指定編號直接讀取各個元素
- 在陣列之間添加元素或刪除元素，需要搬移剩下的元素，元素的數量越多，花費的作業時間也越多

# 讓人一看就懂的表示法

## 指定非數字的陣列

陣列有索引值可以用編號來指定位置，如果可以不用編號改用位置的名稱的指定方式會更方便。因此，使用字串做為索引值指定要讀取鍵值的陣列有**關聯陣列**。

如圖 2-19 所示，索引值可自訂名稱指定要讀取的值，**查看原始碼時也很容易看出被讀取的位置**。

在不同的程式語言中，會把關聯陣列稱為**字典**、**雜湊**或**對映**。

## 用雜湊偵測竄改

雜湊是一種用於考量資訊安全時，偵測資料是否遭篡改的技術，指計算出較小數值的意思。對原始資料套用名為雜湊函數的函數運算後，得出的值稱為雜湊值。

雜湊函數的原理是，**相同的輸入資料產生相同的輸出結果，經過計算能確保不同的輸入資料儘量不產生重複的輸出結果。**不同的輸入資料產生相同的輸出結果稱為**碰撞**，雜湊函數的設計目的在於盡可能地降低發生碰撞的情形。

例如圖 2-20 的計算方式，碰撞越少越能夠快速找出想要的資料。也是會使用到關聯陣列的原因。

就資訊安全的用途在於，當輸入端稍有變化就會使輸出值發生較大變化，亦無發生碰撞，因此透過資料的雜湊值可以驗證其資料是否相同。此外，利用雜湊函數難以從輸出值反推輸入值的特性，套用雜湊值用於儲存密碼的演算法。

**圖 2-19 關聯陣列**

普通的陣列

依編號訪問

| | score[0] | score[1] | score[2] | score[3] | score[4] |
|---|---|---|---|---|---|
| score | 64 | 80 | 75 | 59 | 73 |

關聯陣列

依名稱訪問

| | score["國語"] | score["數學"] | score["英語"] | score["理科"] | score["社會"] |
|---|---|---|---|---|---|
| score | 64 | 80 | 75 | 59 | 73 |

**圖 2-20 雜湊**

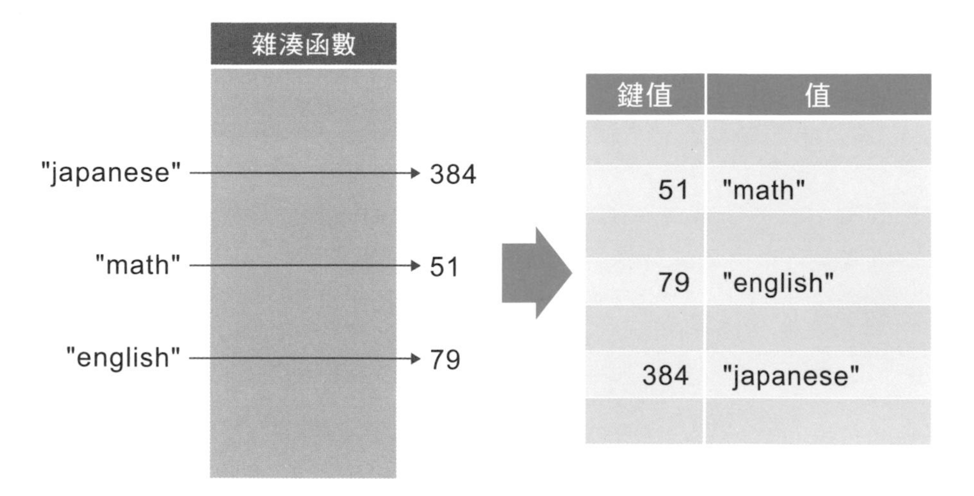


## Point

- 關聯陣列由於可以指定名稱作為索引值進行讀取，原始碼非常易懂
- 雜湊函數被設計成相同的輸入值產生相同的輸出值，避免不同的輸入值產生相同的值

# 存放資料的位置

## 指向變數的位址

儲存於記憶體的變數有表示其位置的編碼，稱為**位址**（圖 2-21）。如果在原始碼當中寫入要取得變數，操作系統會自行將它們分配到記憶體中進行管理，所以一般的程式語言的程式設計者不需在意這部分。

比如要宣告一個變數是 32 位元的整數型別的話，系統會從記憶體的某個位置分配成 4 位元的記憶體。雖說程式設計者不需在意它在記憶體的位置，但是如果知道該位置，可以用來指定讀取內容的位址。即使是很花費傳送時間的大量資料，**只要接收該資料的位址就可以讀取到同一份資料**。

## 可用於位址的特殊變數

用於指向變數的地址就是**指標**，**儲存位址的變數稱為指標變數**（圖 2-22）。透過使用指標變數可以用來讀取或更改該位置的變數內容。

由於陣列的元素是連續儲存在記憶體之中的結構，因此產生的位址也是連續性的。在此結構下，要操作陣列中的元素時使用指標來操作也能夠達到相同目的。

指標的確具有相當便利的功用，但錯用指標不僅會導致故障，還會有危害資安的風險。例如，指定到錯誤的位址而改變處裡的項目，或是遭受到惡意軟體攻擊的可能性。請務必謹慎使用。

圖 2-21 位址

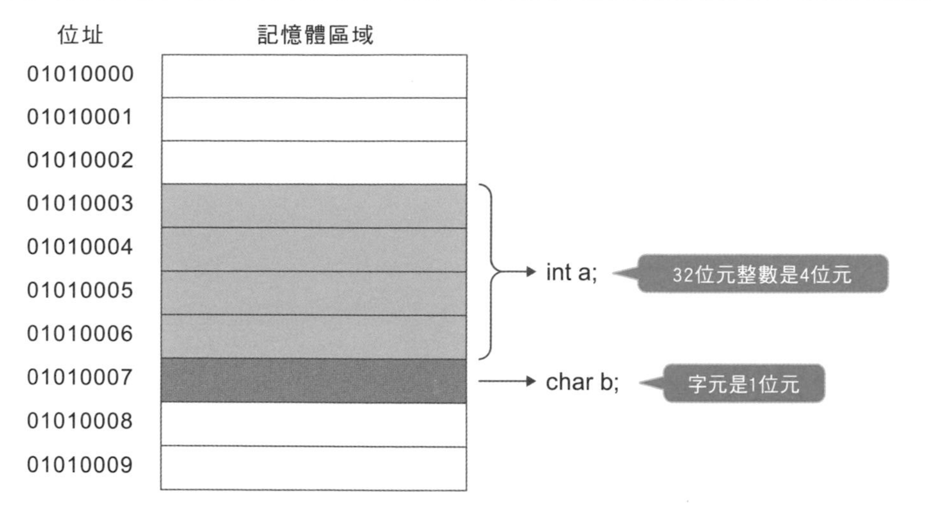

圖 2-22 指標

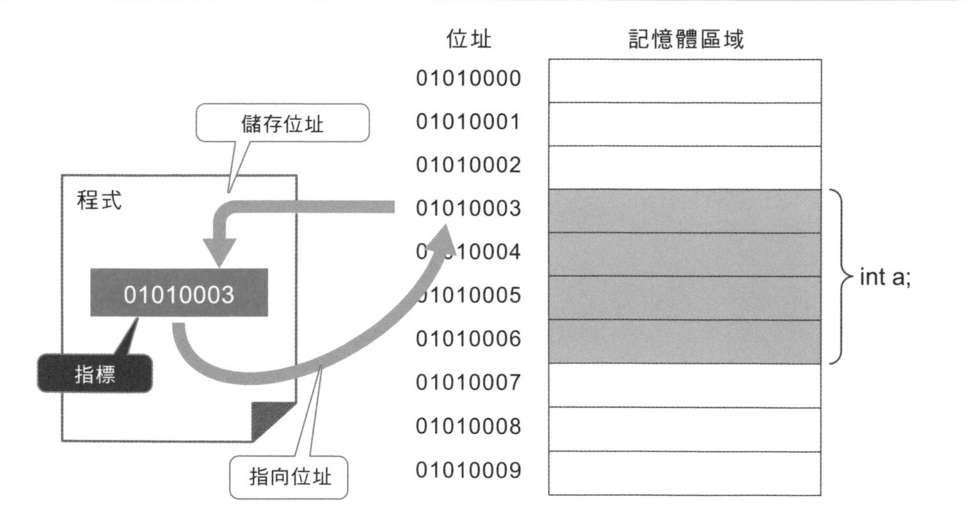


## Point

- 變數儲存在記憶體的位置稱為位址
- 程式透過指標作為讀取位址的方法

# 存放表格資料

## 使用二維陣列

由於記憶體是直線連續排列的一維結構，陣列也可看成是一維陣列。但是當需要處理二維的表格資料時，很適合用**二維陣列**的方法來儲存。

如果事先決定行數和列數，可以把將它視為如圖 2-23 左上方的圖示。但因記憶體是一維結構，所以實際上是像圖 2-23 右下方的分配方式。

此外，如果是在不確定行數和列數的情況下運行時，則必須要配置動態記憶體。此情況可以利用陣列中的元素作為指定陣列的方法（圖 2-24），也就是將指標儲存成是陣列的元素並用指標指向的方法。我們雖然不知道記是否置於連續的記憶體位置，**遇到行的列數有不相同的情況下也具有靈活使用的優勢**。

無論使用哪種方式，利用指定元素的編號都可以讀取到每個元素。

## 新增陣列維度

陣列不只有二維陣列，可以增加到三維和四維度的陣列。這種使用複數陣列的方法一般稱為**多維陣列**。名稱看起來有很多個維度，但實際上等同一維陣列，通常都是「陣列組成的陣列」。

我們通常會把二維陣列視為一維陣列的使用方式（圖 2-25）。例如，在一個水平方向有 W 個元素，垂直方向有 H 個元素的 x 陣列之中，我們不指定 x[ i ][ j ] 作為讀取的索引值，應該指定 x[ i * W + j ] 作為讀取的索引值。這樣更節省記憶體空間，讀取速度也更快。

## 圖 2-23 二維陣列

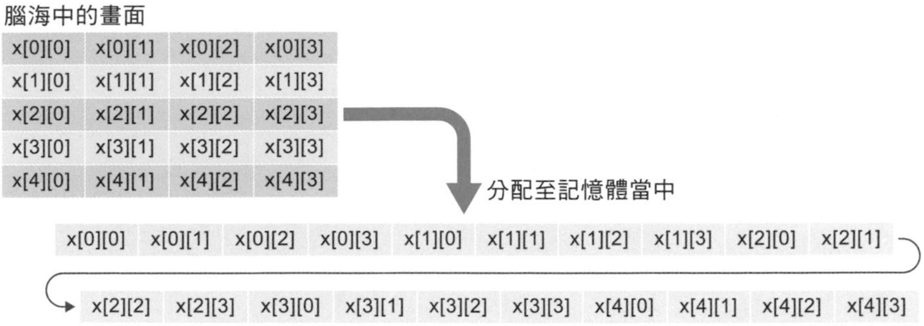

腦海中的畫面

| x[0][0] | x[0][1] | x[0][2] | x[0][3] |
|---|---|---|---|
| x[1][0] | x[1][1] | x[1][2] | x[1][3] |
| x[2][0] | x[2][1] | x[2][2] | x[2][3] |
| x[3][0] | x[3][1] | x[3][2] | x[3][3] |
| x[4][0] | x[4][1] | x[4][2] | x[4][3] |

分配至記憶體當中

x[0][0] x[0][1] x[0][2] x[0][3] x[1][0] x[1][1] x[1][2] x[1][3] x[2][0] x[2][1]

x[2][2] x[2][3] x[3][0] x[3][1] x[3][2] x[3][3] x[4][0] x[4][1] x[4][2] x[4][3]

## 圖 2-24 陣列組成的陣列

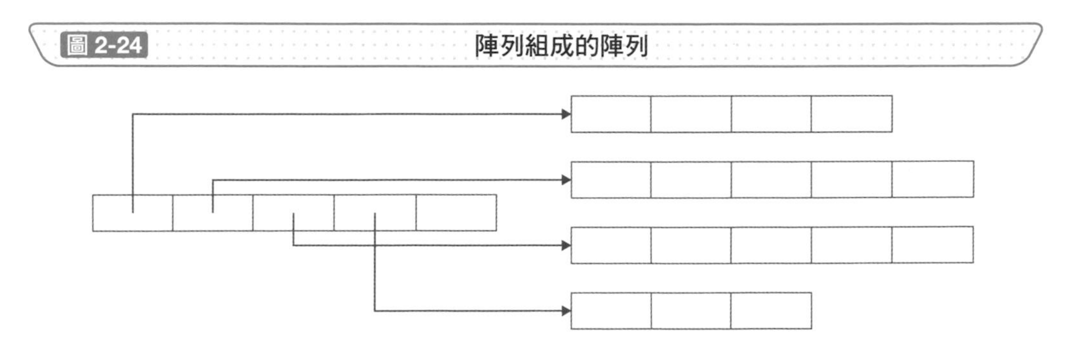

## 圖 2-25 用一維陣列表示

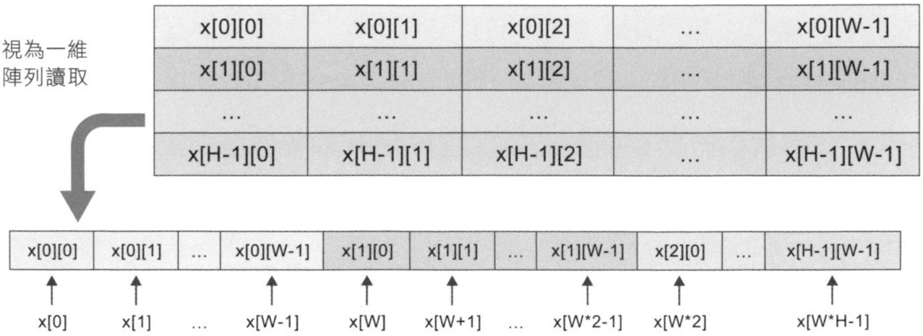

視為一維陣列讀取

| x[0][0] | x[0][1] | x[0][2] | … | x[0][W-1] |
|---|---|---|---|---|
| x[1][0] | x[1][1] | x[1][2] | … | x[1][W-1] |
| … | … | … | … | … |
| x[H-1][0] | x[H-1][1] | x[H-1][2] | … | x[H-1][W-1] |

| x[0][0] | x[0][1] | … | x[0][W-1] | x[1][0] | x[1][1] | … | x[1][W-1] | x[2][0] | … | x[H-1][W-1] |
|---|---|---|---|---|---|---|---|---|---|---|
| x[0] | x[1] | … | x[W-1] | x[W] | x[W+1] | … | x[W*2-1] | x[W*2] | | x[W*H-1] |

## Point

- 處理二維的表格資料時很適合使用二維陣列
- 透過使用陣列組成的陣列，能夠處理不同元素數量的陣列

# 存放單字或文章

## 一組字元的集合

字元是以單個字元的形式儲存在記憶體中的，但是我們的語言不會只單獨使用一個字，通常都是連續多個單字或句子所組成的架構。

多個字元的排列稱為**字串**。電腦上處理字串時，不是儲存單個字元在記憶體，而是將這一系列的集合視為陣列應用。

因此，和陣列相同的**指定索引值便可以從字串中提取特定字元**。

每個程式語言自己都有一套可以方便處理字串的方法，幫助不熟悉字串編碼的使用者也能輕鬆使用，但是在背後其實都是以套用陣列的方式居多。

## 判別字串的結尾

以 C 語言為首，多數的程式語言在處理字串時會預留足夠長度的陣列，用來儲存所需的字元。此時，為確定字串在陣列中的結尾，我們可以在字串的末尾使用一個稱為 **NULL 字元**的特殊字元（終止字元）（圖 2-26）。

如此一來，當程式運行時**會從頭查找是否有 NULL 字元並判別字串結尾處**。以這種用 NULL 字元結尾的字串格式稱為「NULL 終止字串」，因為使用於 C 語言，所以也被稱為是「C 字串」。

要用這個方式查找字串的長度，需要找出 NULL 字元的所在位置。另一方面，也有 Pascal 等程式語言是將字元數儲存在開頭、實際的字串配置在其後的方式，稱為「Pascal 字串」（圖 2-27）。

圖 2-26 字串和 NULL 字元

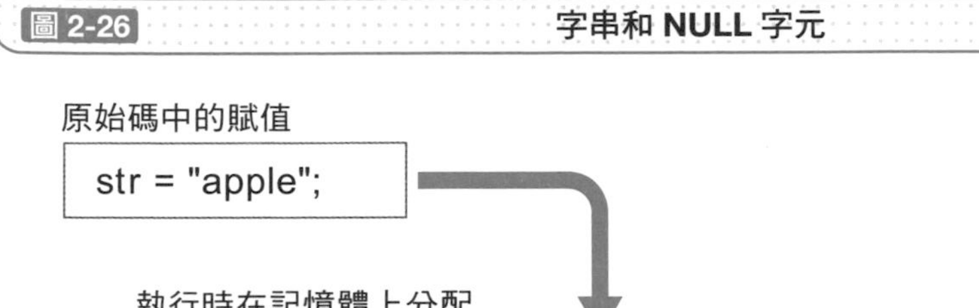


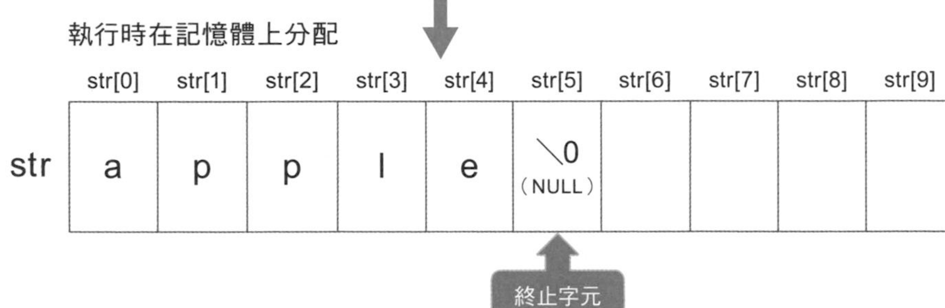


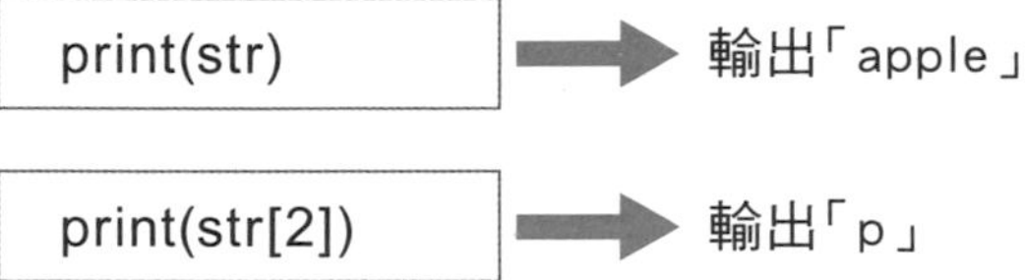


圖 2-27 Pascal 字串

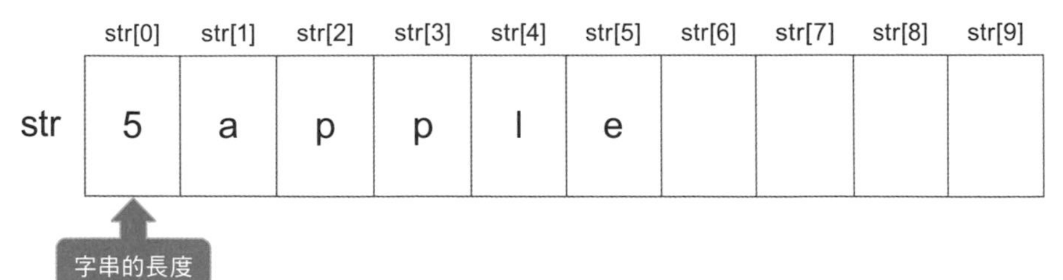


## Point

- 要保存字串在記憶體時，大多透過陣列儲存單個字元的方法
- 判別字串的結尾處會使用 NULL 字元的特殊字元

# 結構複雜的資料型態

## 自訂資料型態

陣列只能處理相同類型的資料，如果想要把多個關聯項目集結使用，**可以將不同的資料型別視為是陣列的型態用來處理變數**的方法是結構型別。結構型別可以自訂多個項目的資料型態（圖 2-28）。

舉例來說，我們先想成要整理某學校的學生成績。雖然可以準備一個有存放學生姓名的陣列和一個存放考試成績的陣列的方法來處理，但是與其將這些資料套用至個別的陣列分開管理，不如用 1 個學生的成績看成是 1 筆資料進行管理來得方便。

這正是使用結構型別方便自訂學生姓名和分數的資料型態的優點。不單只是定義變數而已，還可以建立結構型別的陣列，如此一來就可以在陣列裡管理所有學生的成績了。

## 儲存特定值

整數型別可以用來表示很多個的值，但實際上有可能也不會用到這麼多數字。例如，當以數字表示星期幾的話，星期日是 0，星期一是 1……，一直到星期六是 6，有 7 個不同的數字就夠用了，用 32 位元整數型別的變數分配是沒有任何意義的。

不過，表示星期幾的變數的賦值只會是從 0 到 6 範圍內的整數，不可能會是另外其他的數字。只不過，如果將其設為整數型別，即使嘗試 10 或 100 的賦值也不會出現當機，只是會對後續衍生的異常傷腦筋而已。此外，即使將星期二定為「2」，光看數字也無法直覺知道今天是星期幾。這時候我們會使用只能儲存特定值的列舉型別（圖 2-29）。從視覺上很容易看懂賦值，不僅可以減少實作時的錯誤，而且**原始碼也讓人清楚易懂**。

**圖 2-28 結構型別**

在單純陣列的情況

| | 名字 | 國語 | 數學 | 英語 |
|---|---|---|---|---|
| 0 | 伊藤 | 80 | 62 | 72 |
| 1 | 佐藤 | 65 | 78 | 80 |
| 2 | 鈴木 | 72 | 69 | 58 |
| 3 | 高橋 | 68 | 85 | 64 |
| 4 | 田中 | 86 | 57 | 69 |
| 5 | 中村 | 59 | 77 | 79 |
| 6 | 山田 | 90 | 61 | 83 |

讀取單位是一行

使用結構型別的情況

| 名字 | 國語 | 數學 | 英語 |
|---|---|---|---|
| 伊藤 | 80 | 62 | 72 |
| 佐藤 | 65 | 78 | 80 |
| 鈴木 | 72 | 69 | 58 |
| 高橋 | 68 | 85 | 64 |
| 田中 | 86 | 57 | 69 |
| 中村 | 59 | 77 | 79 |
| 山田 | 90 | 61 | 83 |

**圖 2-29 列舉型別**

| Week 名稱 | 值 |
|---|---|
| Sunday | 0 |
| Monday | 1 |
| Tuesday | 2 |
| Wednesday | 3 |
| Thursday | 4 |
| Friday | 5 |
| Saturday | 6 |

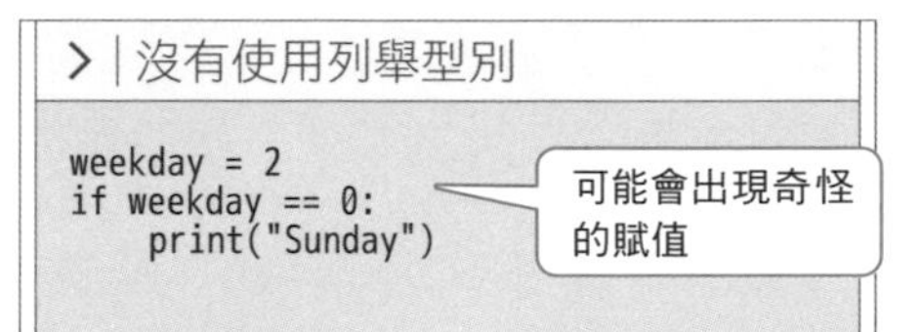


> | 有使用列舉型別

```
weekday = Week.Tuesday
if weekday == Week.Sunday:
    print("Sunday")
```

原始碼簡單易懂

## Point

- 結構型別的方法可以將不同類型的資料當作 1 個變數使用
- 使用結構型別的陣列，即使有多個不同類型的資料，也可視為 1 筆資料管理
- 列舉型別的方法可以指定型別取得其中的值，不僅減少實作時發生的錯誤，原始碼也變得清楚易懂

# 直線排列的結構

## 可以快速新增和刪除的鏈結

陣列在記憶體中是連續空間的結構，並且透過指定位置加以讀取任一元素，雖然是一種相當便利的資料結構，但要在陣列之間新增資料的話，則必須從新增位置往後搬移資料。另外，如果要刪除陣列的資料，則要將既有的資料往前搬移集中。

資料量越是增加，這搬移的過程越是費時，因此能夠更彈性地增減資料結構的鏈結串列（單向鏈結串列）便應運而生。鏈結串列會以資料的內容指向**「下一個節點的位置」所表示的值，以此來連結多個資料的結構**（圖 2-30）。

新增檔案時，將「當前節點也是下一個節點的位址」改為是要新增節點的位址，把「新增節點的下一個節點位址」改為當前節點原本指向的位址（圖 2-31）。要刪除時，則將節點位址改為「下一個節點的位址」（圖 2-32 ）。

如此一來，無論是處理多少資料量，只要更改資料的位址即可，遠比使用陣列處理的效率更好。

## 鏈結串列的缺點

雖然鏈結串列可以很有效率地進行添加和刪除，但無法像陣列利用索引值訪問特定元素。也因為必須依序從頭開始走訪，隨著資料量增加也需要時間處理。

另外還有**比陣列消耗更多記憶體**的缺點。陣列只需確保元素所需的記憶體空間，但是鏈結串列需要占用元素的值、以及下一個元素儲存位址的空間。

圖 2-30 鏈結串列

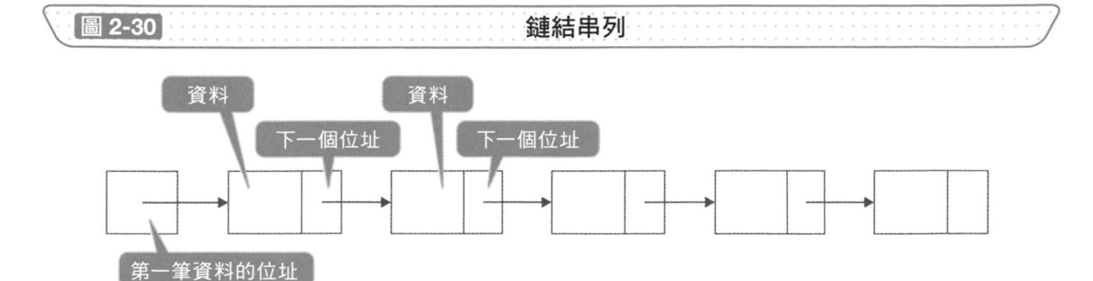


圖 2-31 新增至鏈結串列

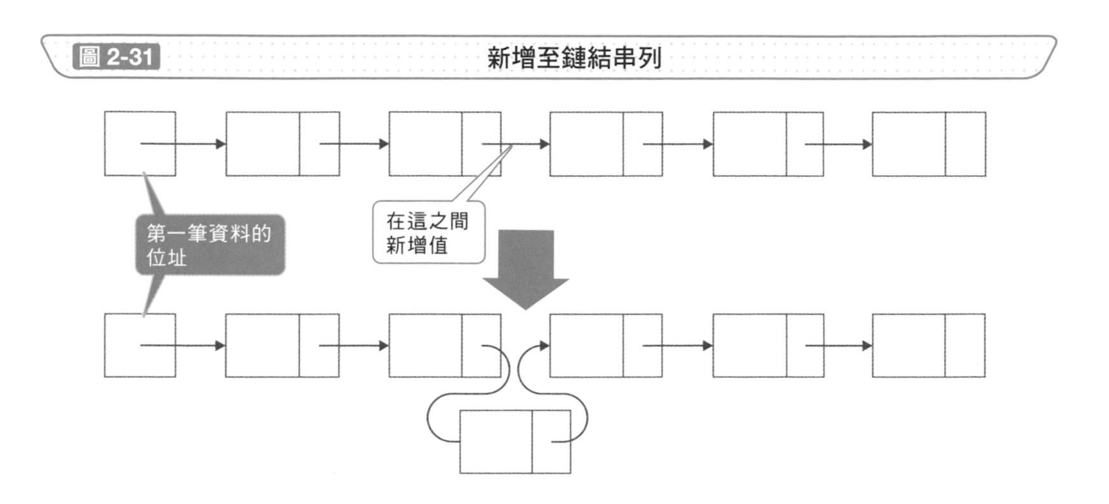


圖 2-32 從鏈結串列中刪除

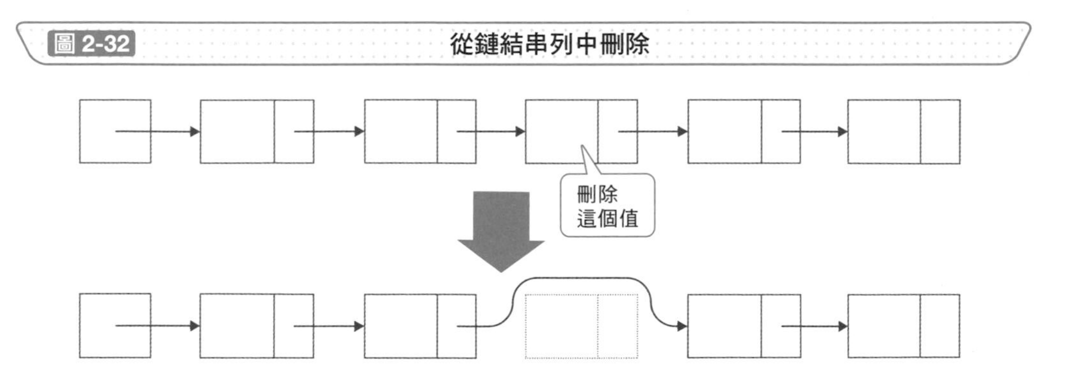


## Point

- 單向鏈結串列是依序從頭開始走訪的資料結構
- 鏈結串列的優點是要在中間增減資料時，花費的時間比陣列更少

# 雙向連接的結構

## 不必從頭走訪的雙向鏈結串列

單向鏈結串列只指向下個資料的位址，沒辦法反向走訪。也就是說，單向鏈結串列不能是由後往前走訪，即使你想要的資料就在目前的前一個位置，單向鏈結串列也是要從頭開始走訪。

另外，同樣是指向下個資料位址的資料結構還有**雙向鏈結串列**（圖 2-33），它可以幫助您返回到前一個位置，這在某些情況下可能很有用。

新增和刪除的方式和鏈結串列一樣簡單，只需要更改節點位址即可。但由於在新增和刪除過程中要增加更改位址的作業，會消耗大量記憶體，因此有影響處理效率這方面的缺點。

優點方面，刪除鏈結串列的元素時需要查詢前一個元素的位置，但是雙向鏈結串列**可以從當前元素查詢其前後元素，所以不必再查詢其他元素的位置**。

## 可以循環搜尋資料的環狀鏈結串列

將開頭資料的位址儲存成是鏈結串列或雙向鏈結串列的結尾資料，當走訪到結尾時再從頭開始重新搜尋資料結構，稱為**環狀鏈結串列**（環狀鏈結串列）。（圖 2-34）

使用環狀鏈結串列，您可以從中間才開始進行走訪、查詢所有的元素，然後回到最初的位置。也就是說，當出現與第一筆資料是相同的內容時，**便認定是走訪結束即終止搜尋**。

其他操作（如新增和刪除）與鏈結串列、雙向鏈結串列的實作方式相同。

圖 2-33 雙向鏈結串列

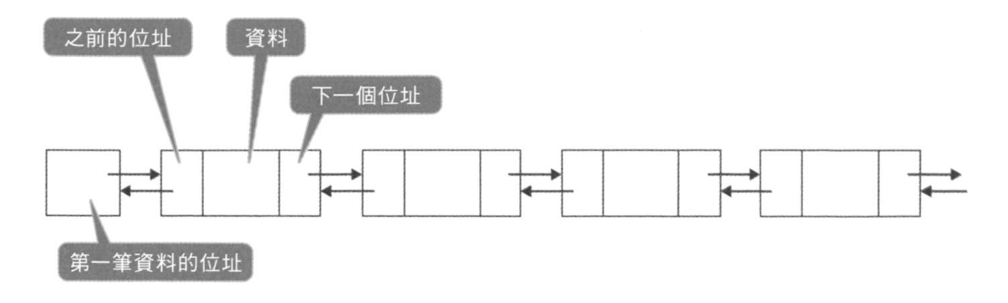


圖 2-34 環狀鏈結串列（環狀鏈結串列）

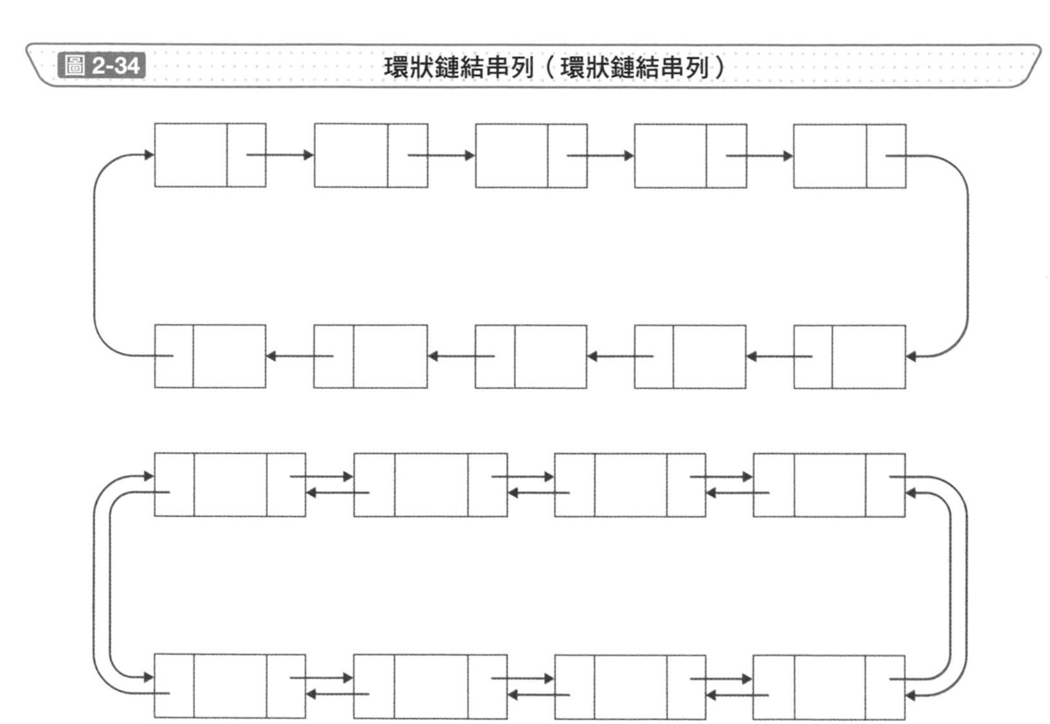

## Point

- 雙向鏈結串列是可以進行反向走訪、並指向下個資料的位址的資料結構
- 連結鏈結串列或是雙向鏈結串列的尾端與前端的串列，稱為環狀鏈結串列或環狀鏈結串列

# » 樹狀分支的保存結構

## 樹狀相連的檔案結構

要存放資料時，除了陣列和鏈結串列以外，還有其他各式各樣的檔案結構。其中，像是資料夾的結構呈現上下顛倒的樹狀相連結構稱為樹狀結構。

樹狀結構是一種資料相連接的資料結構，如圖 2-35 所示，○的部分稱為節點（Node），連接每個節點的線稱為分支（Edge，邊），頂點處的節點稱為根（Root），底部節點稱為葉（Leaf）。

分支上方的節點稱為父節點，其下方的節點稱為子節點。而且，「小孩的小孩」稱為孫子，子節點之後延伸出的類群有時會稱為子孫節點。

換句話說，它是一個**由上到下生長的樹狀圖**。因為彼此的關係是相對的，有的節點同時是別的節點的子節點，也是別的節點的父節點。根節點沒有父節點，葉節點沒有子節點。

## 少於 2 個子節點的樹狀結構

樹狀結構中，少於 2 個以下的子節點結構稱為二元樹。例如，圖 2-36 的左側是二元樹。

二元樹中，所有葉子都具有相同深度，且除葉子之外的所有節點都有 2 個子節點的二元樹，稱為完全二元樹，如圖 2-36 右側所示。

完全二元樹的情況會像圖 2-37 所示，用一維陣列表示會相當便利。如果根的索引值為 0，可以用當前元素的索引值乘 2 倍並加 1 來訪問左子節點，用當前元素的索引值乘 2 倍並加 2 後來訪問右子節點。同樣地，如果要查找父節點的索引值，**從當前元素的索引值減 1 除以 2 的商來求出**即為所求。

圖 2-35 樹狀結構

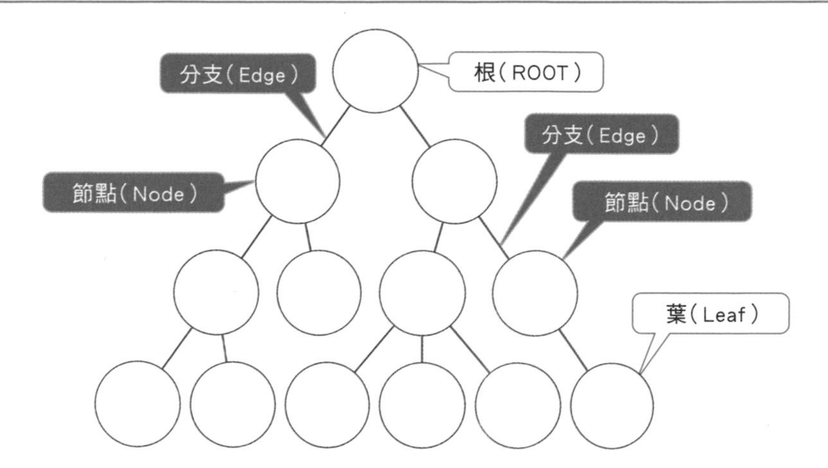


圖 2-36 二元樹

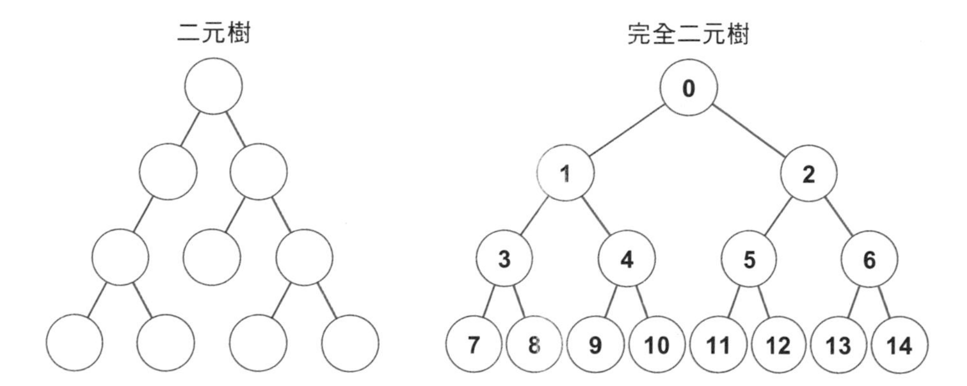


圖 2-37 陣列中表示完全二元樹

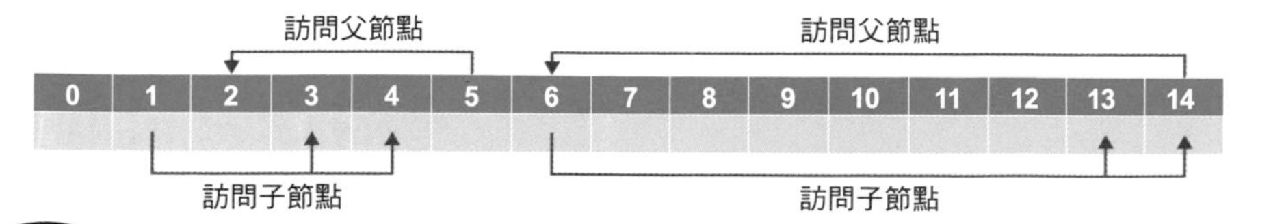


## Point

- 要表示階層式資料結構時可以使用樹狀結構
- 完全二元樹可以使用一維陣列表示

# 滿足條件的樹狀結構

## 約束節點值的堆積

源自於樹狀結構，**父節點的值恆小於等於子節點的值**（有時父節點的值恆大於等於子節點的值）稱為**堆積**。每個節點最多有 2 個子節點的稱為二元堆積。

資料在樹狀結構上會盡可能地往左集中，在子節點之間沒有約束大小關係（圖 2-38）。

## 新增堆積元素

如果要在堆積中新增元素，**會添加在樹狀結構的尾端**。新增之後，將新增的元素與父元素進行比較，如果小於父元素則與父元素交換，如果大於父元素會以不交換的情形下結束。

例如，在圖 2-39 左側的堆積新增元素「4」時，會如圖 2-39 進行交換，直到不再交換為止即中止運行。

## 從堆積刪除元素

試想如何從堆積中取出元素。在堆積之中，最小值永遠是在根節點，所以如果要取出最小值其實很快，只需要查看根節點即可。

但如果從根節點取出會使堆積失衡，需要再重新調整它。調整的方法是把最後一個元素移到頂端，但是移動會使父和子之間的大小關係發生變化，因此如果子節點小於父節點則會交換。這時，我們會比較左右側並用較小的值交換（圖 2-40）。此作業會重複交換父和子，直到不再交換以符合堆積的特性為止。

圖 2-38　堆積

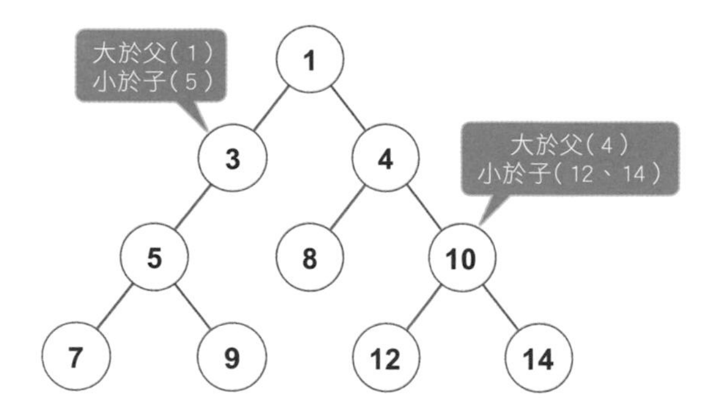


圖 2-39　新增堆積元素

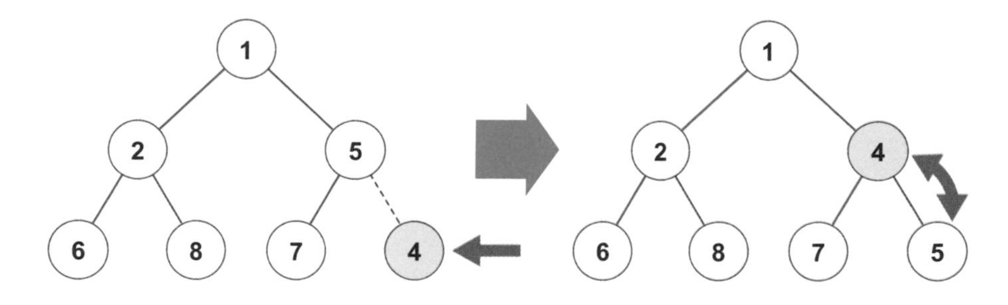


圖 2-40　從堆積刪除元素

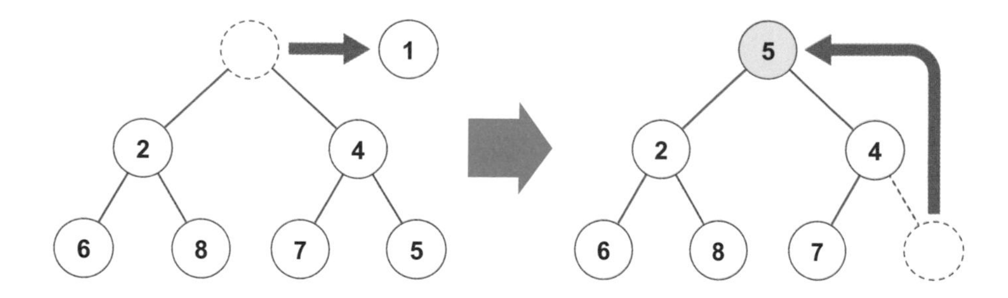


## Point

- 父節點的值恆小於等於子節點的值的樹狀結構，稱為堆積
- 要增減堆積之中的元素時，需要調整以符合堆積的特性

# 適用於搜尋的資料結構

## 透過比較搜尋目標資料的二元搜尋樹

字典和電話簿是需要從大筆資料中查詢資料的常見範例，字典裡記載大量的單字，但您不需要由前依序查找，因為字典列出的單字都是依照部首筆畫順序排列，翻開頁面就會知道要查找單字的前後順序（圖 2-41）。

利用程式進行搜尋的時候也是相同概念。換句話說，**只需和某個資料比較，確認是否小於大於需要的資料**就夠了。如果以樹狀結構來思考，其結構會如圖 2-42 所示，這就是所謂的二元搜尋樹。

在二元樹之中，二元搜尋樹的所有節點皆以「左子節點 < 當前節點 < 右子節點」的關係成立。如此一來，當前節點所有的左側子孫點會儲存小於現在節點的值，而所有右側子孫點會儲存大於現在節點的值。

## 左右節點的數量決定執行速度

進行搜尋的時候，會從根開始比較目標值。如果小於目標值，則移至左子節點；如果大於目標值，則移至右子節點，持續相同方式重複進行比較。

結構雖然看似簡單易懂，**但因左右節點數量的差異，可能會使處理時間變長**。或者，所有節點都偏向在某一側的話，就會變成需要查找全部節點。

因此，樹狀結構中，左右節點的數量趨於平衡的樹，就稱為平衡樹（Balance Tree），平衡樹從根到葉的每條路徑都是等長的（圖 2-43）。

圖 2-41 查詢字典的過程

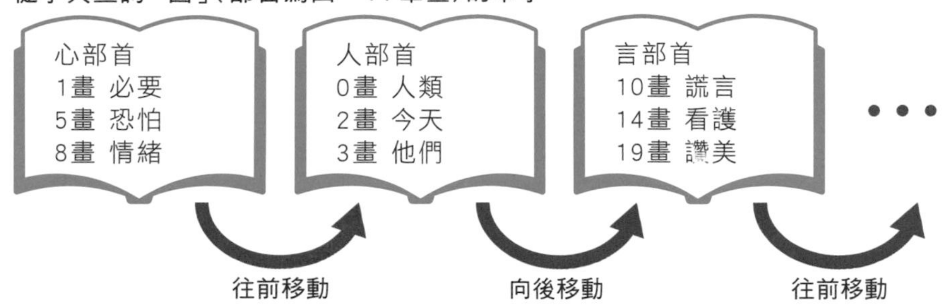


圖 2-42 二元搜尋樹

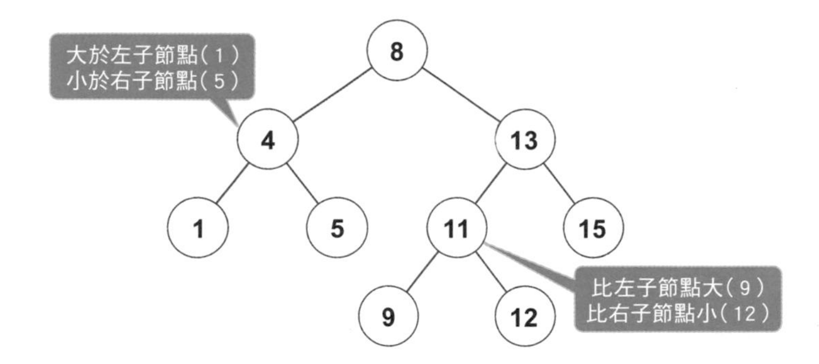


圖 2-43 平衡樹

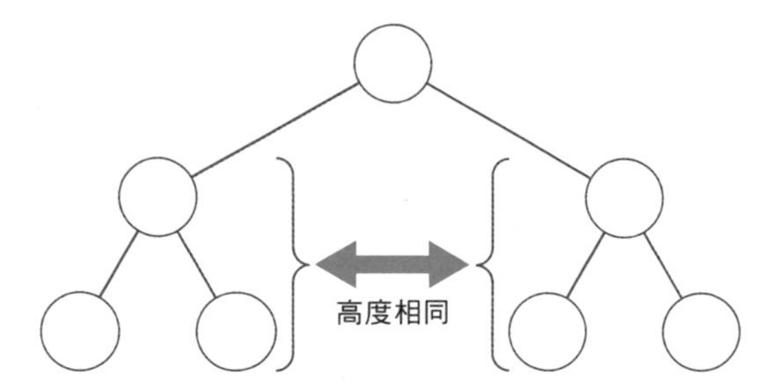


## Point

- 判定左右子節點的值是大或小來進行搜尋的樹狀結構，稱為二元搜尋樹
- 左右節點的數量趨於平衡的樹稱為平衡樹

# 平衡的樹狀結構

## 易於搜尋有序的 B 樹

在平衡樹的結構當中，節點上儲存多個鍵值，並根據鍵值存放在子節點的樹稱為 **B 樹**。請參考圖 2-44 所示的樹狀結構，如此進行搜尋時，**走訪該鍵值的位置即可對應到目標值**。

圖 2-44 的 B 樹稱為「二元 B 樹」，每個節點最多可以保存 4 個鍵值。一般來說，「k 元的 B 樹」可以在每個節點保存 2 x k 個鍵值。

而鍵值是被排好的序列，當鍵值的數量溢位時會分裂節點並建立子節點。由於 B 樹是平衡樹結構，當分裂時葉節點也會是相同情形。

假設以「18，9，20，12，15」排好的序列，前頭的 4 個會儲存在第一個節點，但是試著儲存第 5 個數字 15 時就會造成溢位，所以在此分裂節點，把在中間的值放在父節點，其他的儲存在子節點，可以看得出它呈現的狀態相當平衡（圖 2-45）。

## 更快的進化版 B 樹

**B+ 樹**和 **B* 樹**是 B 樹的進化版樹狀結構，它們多被用於文件系統和 DBMS（資料庫管理系統）。B+ 樹的特徵是資料只儲存在葉子中，還多了連接葉子的指標（圖 2-46）。

像 B 樹搜尋特定資料的方式，也可以單用來走訪資料。也就是說，**當需要所有資料時，不需要走訪父節點也可以快速執行搜尋、新增、刪除、列表等動作**。

圖 2-44 B 樹

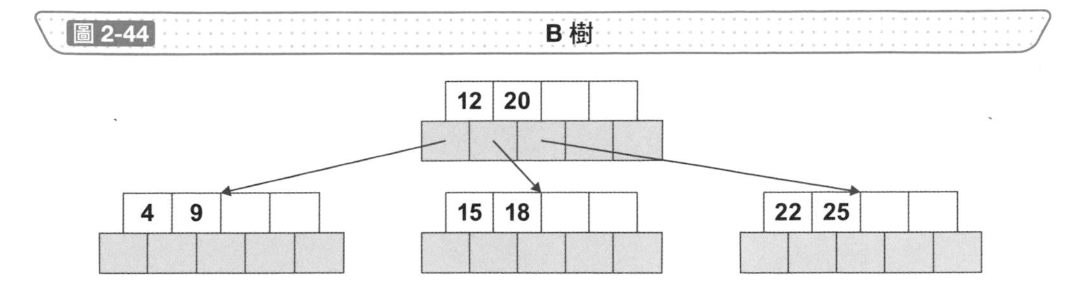


圖 2-45 新增 B 樹元素

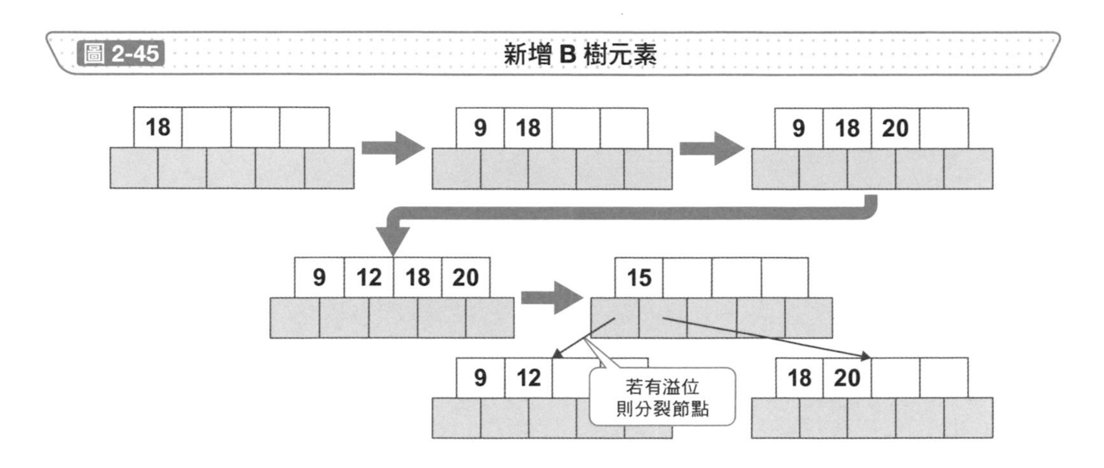


圖 2-46 B+ 樹

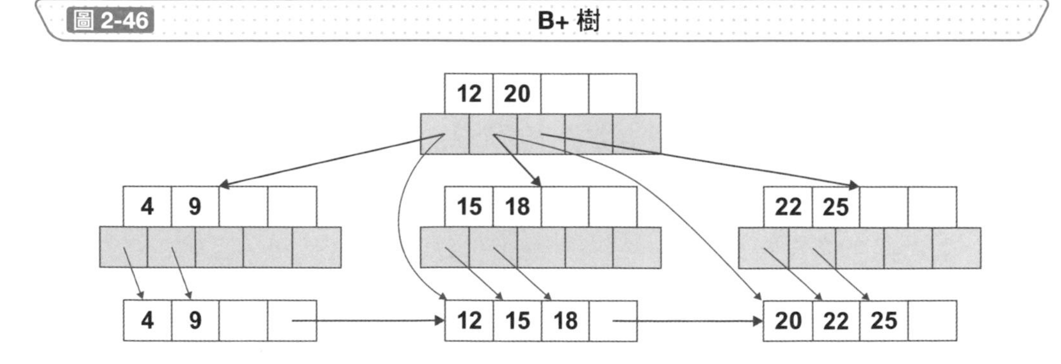


## Point

- B 樹是在一個節點可以存放多個鍵值、並搜尋子節點的平衡樹
- B+ 樹是 B 樹的進化版本，並且應用於各種系統

# 儲存無序資料

## 無須在意順序和位置的資料結構

在陣列裡可以重複儲存相同的資料，而它們的每一個排序都是有意義的。但是，在正式的商業場合當中不允許有資料重複，也不講究資料的順序或位置，只要知道有這份資料的存在就好。

像這種情況，方便使用的檔案結構有集合（set）（圖 2-47）。這跟我們在數學中使用集合的概念相同，**移除重複的元素，也無特定儲存順序**。因此，若新增與存在元素相同的元素的話，就會被忽略或被覆蓋。

Python 和 Ruby 等程式語言中有內建集合的資料結構提供運用，但其他程式語言可能需要自行載入函式庫。

## 集合獨有的計算方法

集合的優點在於它可以執行集合運算，如圖 2-48 所示。

聯集就是將**給定集合之共同的元素收集起來組成的集合**，有時也被稱為「合併」。重疊部分是給定集合雙方之共同元素所組成的集合，有時稱為「交集」。差集是**從該集合當中減去另一個集合包含的元素所形成的集合**。

使用這些函數，當需要從多個項目中剔除重複部分再結合，或者移除多個共同項目等作業時，使用集合比使用陣列還要來得簡潔，撰寫的原始碼也更加易懂。此外，如果程式語言或是函式庫有提供集合運算的話，還具有避免設計缺陷的優點。

圖 2-47 集合

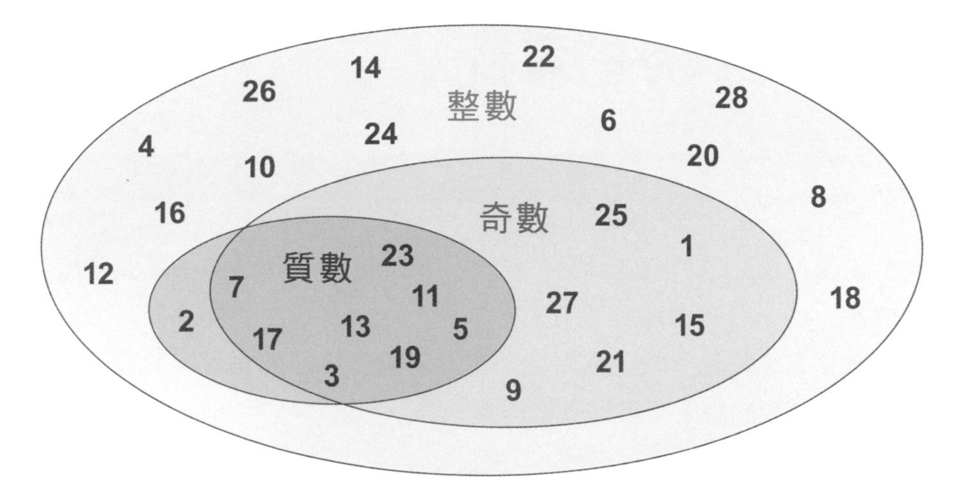


圖 2-48 集合運算

集合 A：{1, 2, 3, 4, 5}，集合 B：{2, 3, 5, 7, 11}

| 集合運算 | 概念 | 結果 |
|---|---|---|
| 聯集（A + B）<br>（合併） | A B | {1, 2, 3, 4, 5, 7, 11} |
| 重疊部分（A & B）<br>（交集） | A B | {2, 3, 5} |
| 差集（A - B） | A B | {1, 4} |

## Point

- 集合會移除重複的元素，也不必在意儲存的順序
- 使用集合運算編寫的原始碼會更加簡潔

# 取出最後儲存的資料

## 利用尾端資料執行項目

如果我們在陣列之中進行儲存、移除的動作，亦即是在陣列的中間要新增、刪除資料的位置的話，會有增加處理時間的缺點。我還介紹了使用鏈結串列快速新增或刪除的方法，陣列也有**快速在尾端新增資料或從尾端刪除資料的方式**。接下來我們會看到在陣列的尾端且不移動資料的狀態下，進行新增或刪除的資料結構。

最後儲存最先被使用的資料結構稱為**堆疊**（圖 2-49），英文的意思是把東西裝在一個盒子裡，從上方依序取出的概念。由於資料是最後儲存最先被使用，故又稱「**LIFO**（Last In First Out）」，也稱為「後進先出」。

堆疊是常用於函數呼叫和 **4-6** 講解「深度優先搜尋」當中的資料結構。就像是網頁瀏覽器的返回按鈕能夠依序返回網頁，不需要在多個網頁不斷來回切換一樣方便的資料結構。

由於知道新增以及刪除資料的位置，因此可以很快速地處理資料的新增和刪除。將資料放入堆疊就稱為 **push**，取出就稱為 **pop**。

## 用陣列表示堆疊

一般來說，程式語言要實現堆疊都是使用陣列。先記住陣列中最後元素的儲存位置，從該位置之後新增或刪除元素（圖 2-50）。如要新增，就在最後元素的儲存位置的值 +1，要刪除的話則將該位置的值 -1 處理。

圖 2-49 堆疊

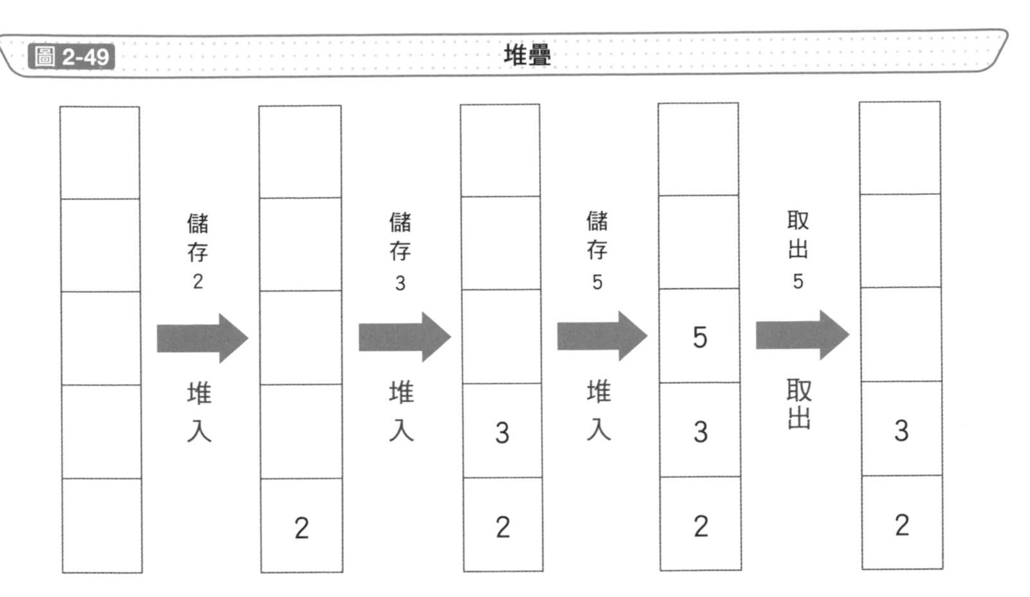


圖 2-50 陣列中表示堆疊

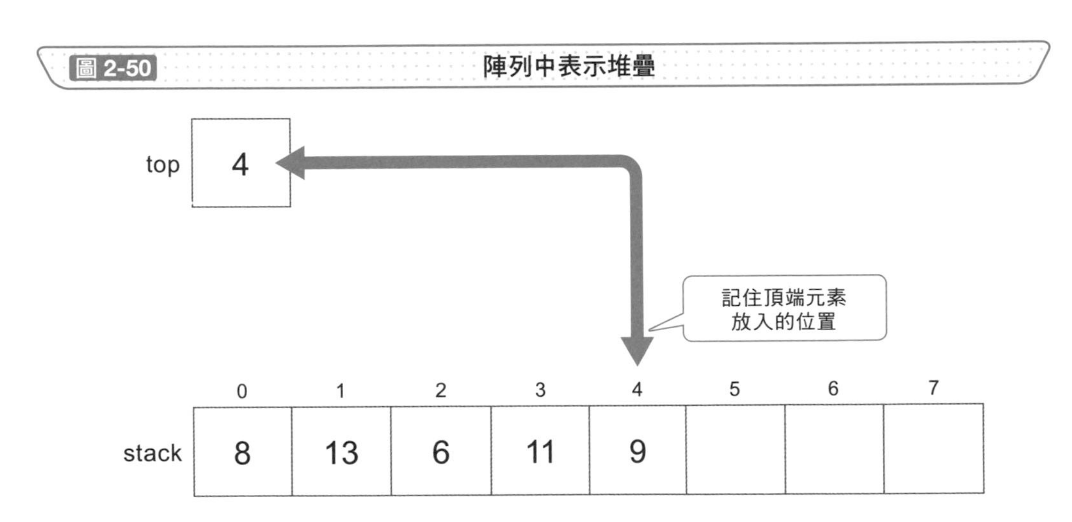




## Point

- 最後儲存最先被使用的資料結構稱為堆疊
- 在堆疊中儲存資料稱為 push（堆入），取出稱為 pop
- 堆疊常用於函數呼叫、深度優先搜尋、或網頁瀏覽器的瀏覽紀錄等多種情況

# 按照先後順序取出的結構

## 從前端依序取出資料

依照儲存順序取出資料的結構稱為佇列（圖 2-51），英語是「排隊」的意思，像是打撞球的邏輯，亦即資料由一端新增並由另一端取出。由於會優先取出先進來的資料，故又稱「**FIFO**（First In First Out）」，也稱為「先進先出」。

佇列不僅常用於 **4-5** 講解的廣度優先搜尋，還應用於訂位系統中的候補訂位、控制印表機的列印順序等功能。換言之，方便用在於要按照先後順序而優先處理最先放入的資料結構。

放入資料到佇列稱為是**入列**，取出資料稱為**出列**。

## 在陣列中實現佇列

佇列和堆疊一樣可以利用陣列實作。記憶開頭的元素位置和最後的元素位置（圖 2-52）。新增時，接續最後的元素位置依序加入；刪除時，從開頭的元素位置取出資料。

如此反覆進行新增和刪除的動作會導致陣列的配置被用盡。換句話說，**即使陣列之中還有空位，也沒有辦法再繼續新增或刪除元素**。

在此情況下，與鏈結串列（請參考 **2-14**）相同，使用陣列製作佇列時，會連接結尾的元素位置與開頭的元素位置並形成一個環狀（Circular）的結構，即使當陣列的配置被用盡時，依然可從陣列的開頭依序循環使用。這樣一來，無論是要新增或刪除資料多少次，只要元素數量不超過陣列長度，都可將資料儲存於佇列之中。

圖 2-51 佇列

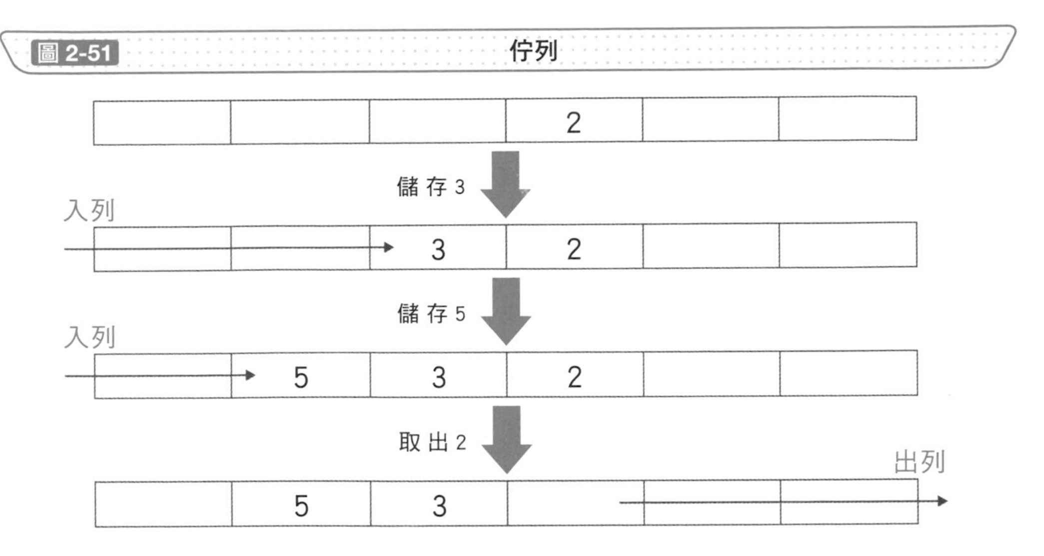


圖 2-52 以陣列實作佇列的表示法

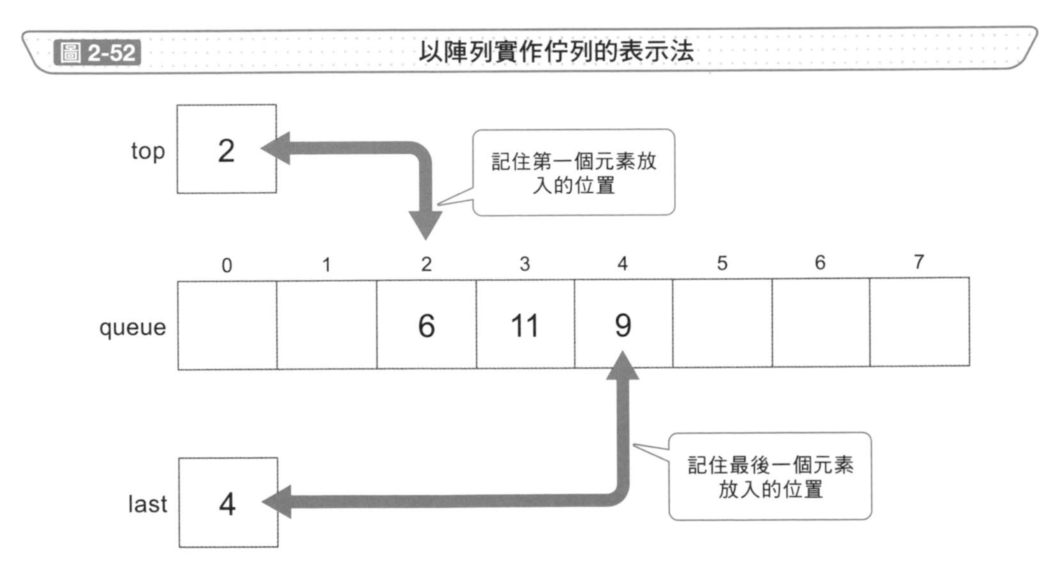


## Point

- 優先取出先進來的資料結構稱為佇列
- 在佇列中儲存資料稱為入列，取出資料稱為出列
- 佇列除了常用於廣度優先搜尋以外，還有訂位系統中的候補訂位、控制印表機的列印順序等功能

# 虛擬記憶體的快取檔案置換機制

## 判定不常使用的內容

在程式中使用變數的時候，只要增加陣列等元素的數量就可以儲存多筆資料，但如果是啟動多個程式或者執行大型程式，很有可能會發生記憶體不足的情形。

此時，操作系統會加大容納比實體記憶體還多的空間，接著將**放置在實體記憶體中過久的資料暫時挪放至硬碟區域，讓記憶體增加比看起來還多的空間**，稱為虛擬記憶體（圖 2-53）。

在此，該如何判定什麼是「使用次數少」的內容是快取檔案置換機制。最易懂的方法，即是上個章節中介紹佇列時提到的 FIFO。取出最先進來的資料，並依序淘汰舊的資料。

## 淘汰使用次數少的內容

FIFO 是一種簡單的概念，對使用次數多的變數，也是從最先進來的資料當中持續地淘汰舊的資料。對此情形會用到記錄使用次數的方法。

記錄有使用到變數的次數，再從中選出使用次數最少的資料並進行淘汰的方法為 **LFU**（Least Frequently Used）（圖 2-54）。

## 淘汰最近不常使用的內容

曾經使用過的許多資料當中，我們想保留的是最近一次使用到的資料。於是，選出時間最舊、最不常使用的資料進行淘汰的方法為 **LRU**（Least Recently Used）（圖 2-55）。

圖 2-53 虛擬記憶體的概念

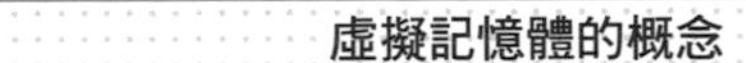

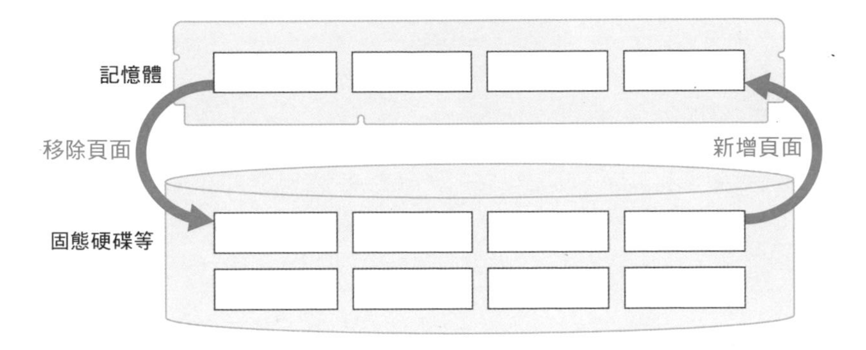


圖 2-54 LFU

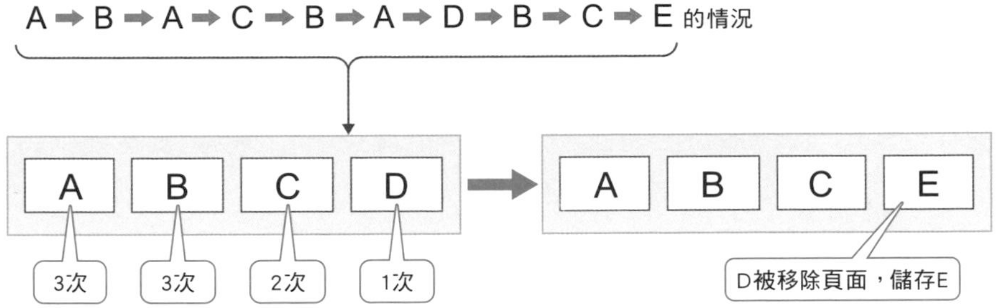


圖 2-55 LRU

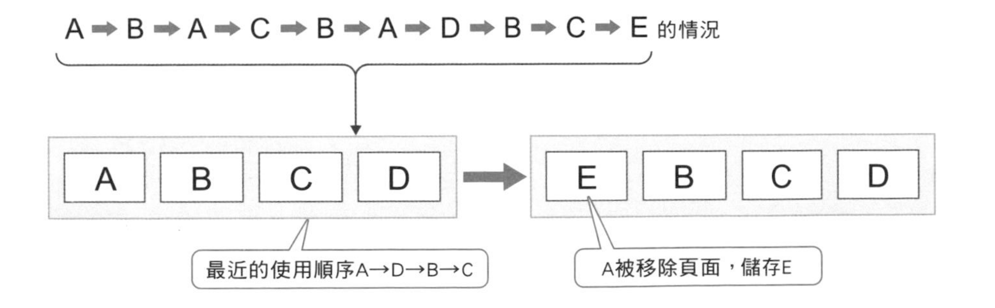


## Point

- LFU 是淘汰使用次數最少內容的方法
- LRU 是淘汰最近不常使用內容的方法

# 試試看

## 計算儲存資料所需的容量

本書曾提及學習演算法前，有必要先充分瞭解各資料結構的觀念。本章介紹了各種資料結構，只要對資料結構下一點功夫，不僅可以更有效率地執行資料，還可以學著思考處理項目的資料該儲存在什麼位置點上。

當記憶體空間不足時，經常會使用固態硬碟作為虛擬記憶體以便處理，但固態硬碟這類外接式記憶體設備的處理速度明顯慢於記憶體，導致執行效率低落。某些情況會因為記憶體空間不足而導致程式停止運作。

在此，我們試著思考看看「儲存檔案在磁碟的資料量」和「程式讀取檔案時使用的資料量」。

由於儲存資料時會將 CSV 檔案保存為文字檔的關係，1 個字元會需要用到 1 個位元，程式會將其視為 32 位元整數型別在記憶體上執行。

請計算下表的資料以 CSV 檔案儲存、並在記憶體上以程式執行時所需的容量。

| 值 | CSV檔案 | 在程式中 |
|---|---|---|
| 1 | | |
| 1234 | | |
| 12345678 | | |

最近推出的記憶體和固態硬碟的儲存容量一直增加，我們漸漸變得不再注重資料量的多寡，但是在面對處理大量的資料時還是要養成重視資料量的好習慣。

第3章

# 重新排列資料順序

## ~依照規則排列數值~

# » 升序或降序的排列

## 整理資料的排序

其實我們在日常生活中都在排序。整理書架上的漫畫和雜誌時，通常都習慣從第 1 集或發行日來排序，通訊錄也是按筆畫進行排序，收納衣櫥物品時也是先放入體積大的再放體積小的（圖 3-1）。

電腦運作也是如此，不僅可以按照名稱或字母的順序，還可以根據更新日期和時間排序檔案和資料夾。排序不一定要從小到大，如要查詢銷售量最多的產品，可以按產品銷售量最多的開始排列，要查詢來客數最多的店鋪，則從人數最多的店鋪開始排列。

**排列的標準有很多種，如數字大小、銷售名次、字母順序、日期等，它們全都被電腦視為鍵值。**字元則是依字元編碼對照成的鍵值後排序（圖 3-2）。這都稱為是排序（SORT），在本章節中，我們將會對儲存在陣列中的數值資料進行升序排列。

## 排序在演算法很重要的原因

假設手頭上有 10 筆資料需要排序，即使是人工作業也不會占用太多時間，但是當資料筆數高達數萬或數億件時，就很難再用人工作業處理了。要在程式上運行的話，簡單的方法也是會花費時間，因此需要一種更有效率的解決方法。

因為如此，排序演算法長久以來一直被當作是個研究主題。**如果想要更有效地搜尋資料，事前將資料排序可以使得搜尋更有效率**。換言之，很多都是先按照排序為前提進行的。

雖然排序是個很基本的問題，排序的觀念可以作為開發其他程式時的參考，它不單只是學習程式的基礎知識，同時也是分析複雜度和表示其必要性的好問題。

圖 3-1 排序的範例

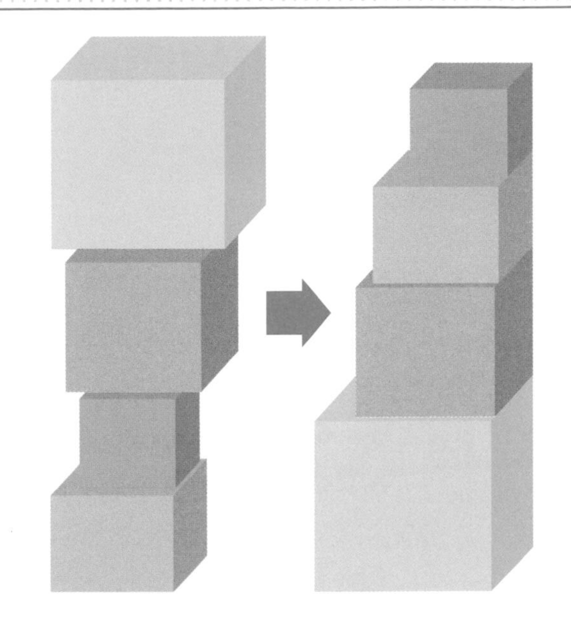

圖 3-2 字元編碼的排序法

| 字元 | s | h | o | e | i | s | h | a |
|---|---|---|---|---|---|---|---|---|
| 字元編碼 | 115 | 104 | 111 | 101 | 105 | 115 | 104 | 97 |

| 字元 | a | e | h | h | i | o | s | s |
|---|---|---|---|---|---|---|---|---|
| 字元編碼 | 97 | 101 | 104 | 104 | 105 | 111 | 115 | 115 |

## Point

- 對資料進行排列的動作稱為排序
- 使用字元編碼的排序方式，是以純數值進行比較再重新排序字元
- 資料量相當龐大時，如不採用排序演算法，勢必會佔用大量作業時間

# » 保證相同鍵值的順序

## 維持已排序資料的順序

如圖 3-3 所示，假設是一個項目內不會出現相同鍵值的資料，那麼排序這份資料的鍵值也不會有問題。但我們平常使用的資料中，有可能會一個項目出現相同的鍵值。

圖 3-4 依照姓名筆畫排列出每位學生的考試成績。想想看這份資料按分數排序的情形會是如何。如果同時有好幾位分數相同的學生，經過重新排序後，我們希望這幾位分數相同的學生仍然維持是依照姓名筆畫的排列順序。

如上所述，要對鍵值包括其他項目進行排序時，會用到的是**穩定排序**。**鍵值相同之資料，在排序後的相對位置與排序前相同時，稱為穩定排序；相對位置與排序前不相同時，則稱為不穩定排序**。Excel 等計算軟體也是穩定排序的一種。

接著介紹的排序方式幾乎都是穩定排序，但是 **3-6** 的雞尾酒排序、**3-8** 的堆積排序、**3-10** 的快速排序等都是不穩定排序。

## 內部排序和外部排序

排序陣列時，置換陣列中的元素的排序方法稱為**內部排序**。反之，待排序的陣列必須使用到輔助記憶體暫放的方法則稱為**外部排序**（圖 3-5）。

大多數的排序方法都是使用內部排序，但 **3-9** 的合併排序和 **3-11** 的桶排序（bin sorts）是外部排序。

在選擇使用演算法時，不單只是考量處理速度的快慢，還必須要考量使用記憶體或是外接式儲存設備的容量。

**圖 3-3** 值不為相同的資料

| 地名 | 面積(km²) |
|---|---|
| 北海道 | 83424.44 |
| 青森縣 | 9645.64 |
| 岩手縣 | 15275.01 |
| 宮城縣 | 7282.29 |
| ⋮ | ⋮ |
| 沖繩縣 | 2282.53 |

| 地名 | 面積(km²) |
|---|---|
| 北海道 | 83424.44 |
| 岩手縣 | 15275.01 |
| 福島縣 | 13784.14 |
| 長野縣 | 13561.56 |
| ⋮ | ⋮ |
| 香川縣 | 1876.80 |

**圖 3-4** 值為相同的資料

| 姓名 | 分數(5科) |
|---|---|
| 方○傑 | 472 |
| 何○倫 | 485 |
| 周○鳳 | 472 |
| 洪○蓉 | 321 |
| ⋮ | ⋮ |
| 張○謹 | 472 |

| 姓名 | 分數(5科) |
|---|---|
| 何○倫 | 485 |
| 方○傑 | 472 |
| 周○鳳 | 472 |
| 張○謹 | 472 |
| ⋮ | ⋮ |
| 洪○蓉 | 321 |

**圖 3-5** 內部排序和外部排序

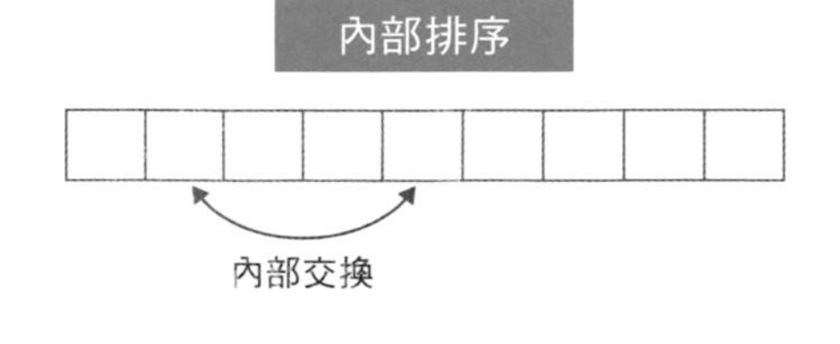


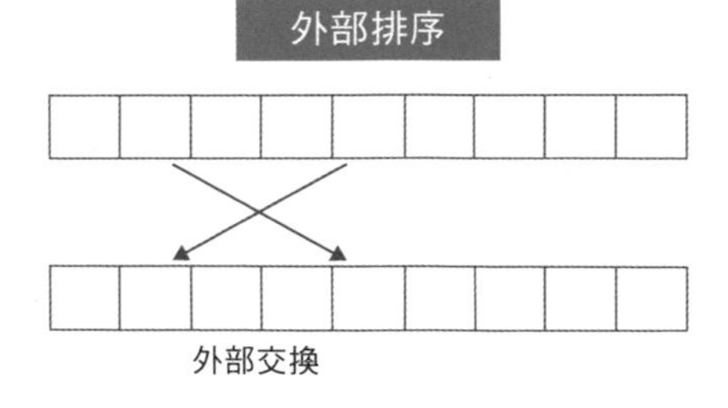


## Point

- 排序鍵值包括其他內容時，鍵值相同之資料，在排序後相對位置與排序前相同時，稱為穩定排序
- 在陣列中置換元素的排序方法稱為內部排序，在陣列以外的方法稱為外部排序

# 選擇最大值和最小值排序

## 往前移動最小值

在陣列當中**選擇最小的元素並往前移動**反覆排序的方法稱為**選擇排序**。

首先在陣列的所有元素之中找出最小值，將找出的最小值與陣列前端的數交換（圖 3-6），然後再從陣列第二個以後的元素之中找出最小值，與第二個的數交換。反覆進行直到陣列的最後一個元素完成排序為止（圖 3-7）。

## 找出最小元素的方法

如上所述，選擇排序是個很單純的方法。請思考查找陣列中最小元素之所在位置的過程。

例如，常使用的方法，是從前端依序查找陣列的元素，如果找到當前最小值的元素，則會比較該元素的位置。

## 分析複雜度

試著分析選擇排序的複雜度。找出第一個最小值，需要與前端的元素和其餘元素 $n$-1 個元素比較，同樣地，要找出第二個最小值需要比較 $n$-2 次。對所有元素用此方式反覆進行，整體的比較次數會是 $(n-1) + (n+2) + \cdots + 1 = \frac{1}{2}n(n-1)$。

由於交換為常數倍的時間，在分析複雜度時可以忽略。如果輸入資料按升序排列，即使 1 次也不需要交換也仍需執行比較，其複雜度不變還是 $O(n^2)$。也就是說，無論資料的順序狀態如何，選擇排序的複雜度都一樣是 $O(n^2)$。

圖 3-6 選擇排序（第 1 回合）

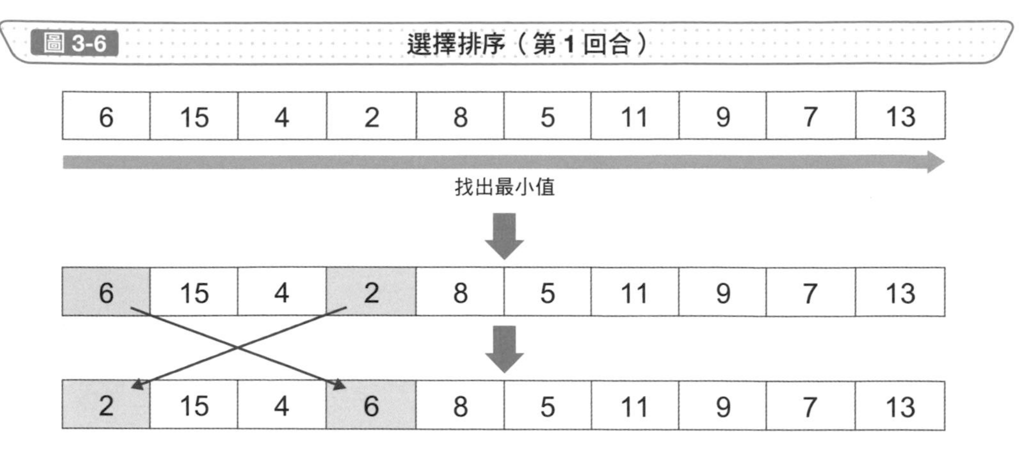


圖 3-7 選擇排序（第 2 回合）

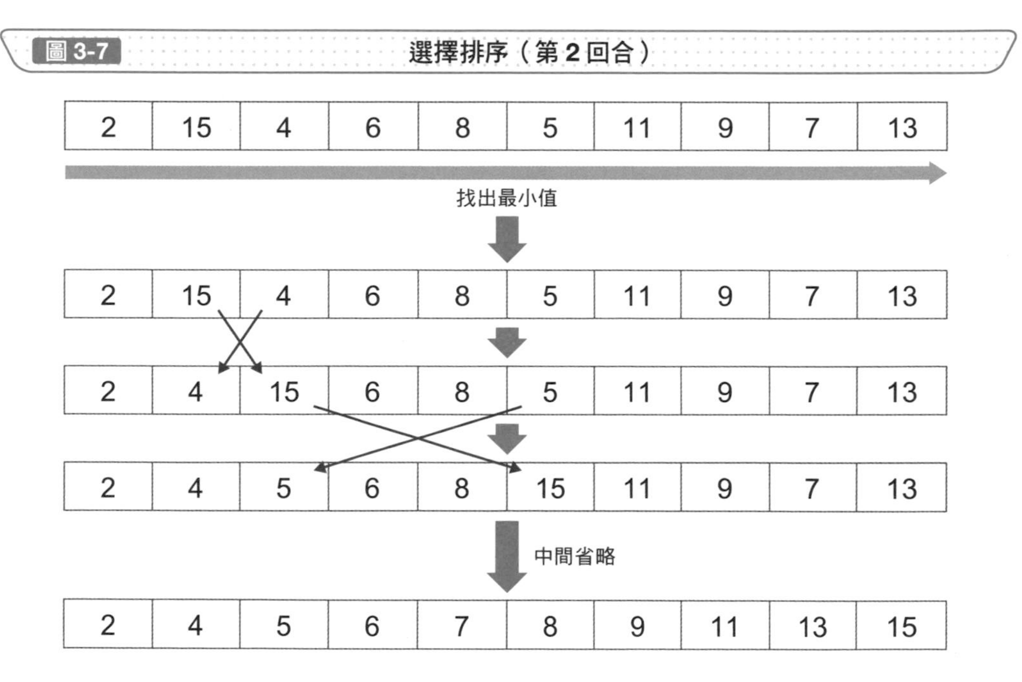




## Point

- 選擇排序是反覆移動陣列中最小元素的排序方法
- 無論資料的順序如何，選擇排序的複雜度都一樣是 $O(n^2)$

# » 將要排序的元素加入已排序陣列

## 大小關係不變的插入排序

要加入**大小關係不變的資料到已排序陣列中**的方法稱為**插入排序**。將陣列中的元素逐一和要加入的資料進行比較，並找到適當的儲存位置 ( 圖 3-8)。

已經放滿所有資料的陣列可能會讓人有種無法使用的感覺，可以將陣列的前端視為已排序部分，再將其餘的每一個依序插入適當的位置，即使是已經有資料儲放在陣列中也不會影響使用。

首先把最左邊的元素當作是已排序狀態。以圖 3-9 而言，只有 6 是已排序狀態。接著比較下一個數字，也就是取出左側的 15 與排序後的值進行比較。經比較後 6 和 15 不需要排序，將這 2 筆資料認定是已排序的值。

繼續取出左邊的第 3 個數字 4 與排序部分的元素依序比較。這時，從已排序部分的後方往前進行比較，遇到較大的數字則交換。依此原則擴大已排序的範圍，反覆進行直到最後一個元素完成排序為止。

## 分析複雜度

從最壞情況分析複雜度。左邊的第 2 個元素是 1 次，左邊的第 3 個元素是 2 次，最右邊的元素是比較 $n$-1 次會交換，合計是 $1 + 2 + \ldots (n-1) = \frac{1}{2} n(n-1)$ 次。因此最壞情況的複雜度是 $O(n^2)$。

但如果資料一開始就是已排序的，則不會有交換的動作。換言之，我們只需要從頭依序比較，所以最好情況的複雜度是 $O(n)$。

圖 3-8 插入排序的概念

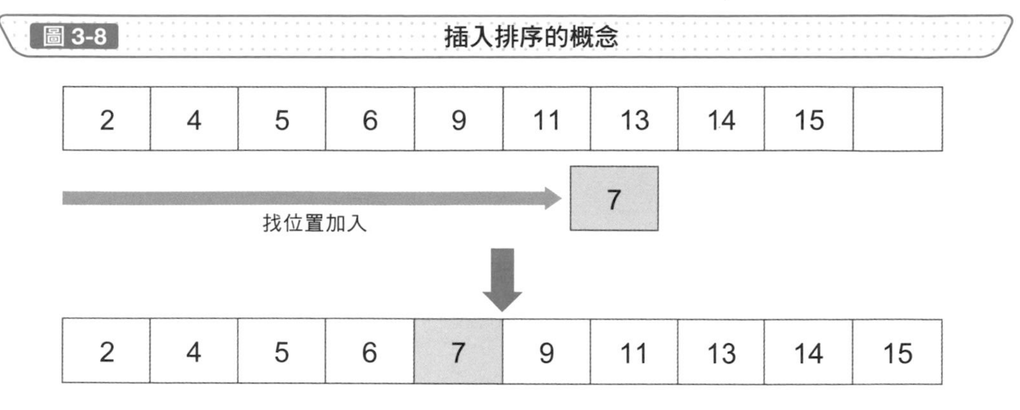


圖 3-9 對既有陣列進行插入排序

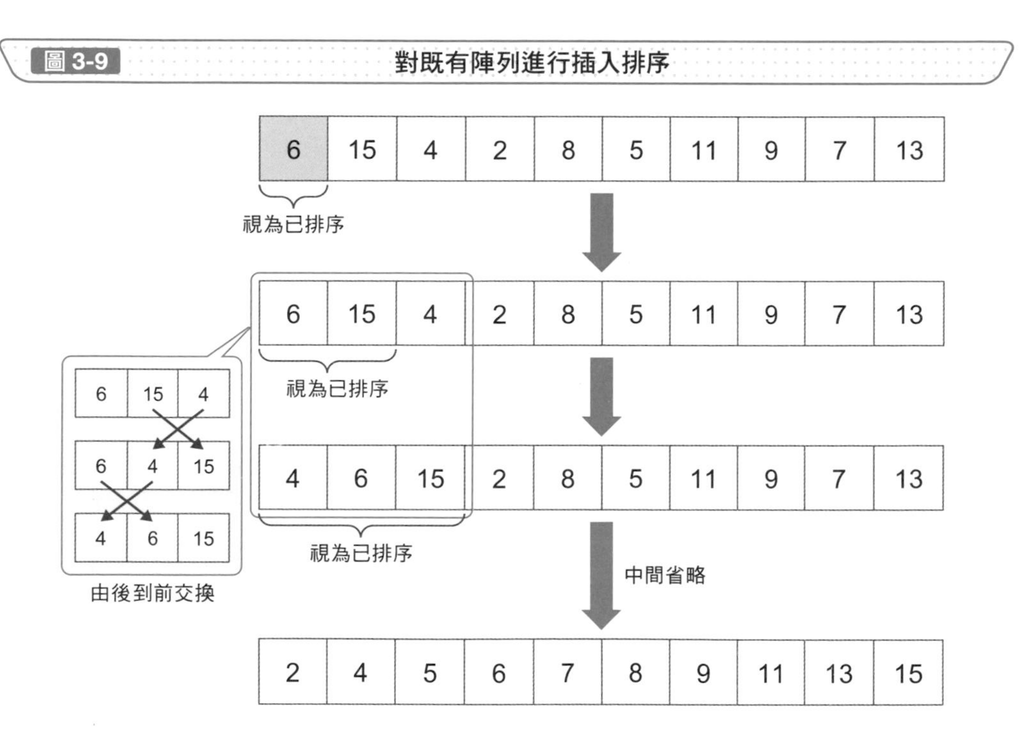




## Point

- 插入排序是將陣列視為已排序並保持其大小關係，再加入資料進行排序的方法
- 在已排序陣列的狀態下其執行效率高，但若是倒序排列的狀態，則會對每筆資料都進行比較和交換

# 與當前元素比較

## 比較相鄰元素的氣泡排序

選擇排序和插入排序，兩者都是交換陣列元素的處理方式。雖然沒有因此就將它稱為是「交換排序」，但一般提到「交換排序」指的就是氣泡排序。

氣泡排序是**比較陣列中相鄰的元素，當大小順序不同時進行交換的方法**。因資料在陣列中移動的樣子，就如同氣泡從水面浮出而得其名。

首先將陣列前端的元素與下一個元素進行比較，如果左邊的元素大於右邊的元素則進行交換，並依序反覆往後移位進行交換的動作，直到移動到陣列的最尾端為止，第 1 回合的比較就算完成（圖 3-10）。

此時最大值會出現在陣列的最尾端，接著第 2 回會對最大值以外的剩餘元素，依樣進行比較之後，次大值會出現在倒數第 2 位。如此反覆進行，直到所有的元素都被交換即完成排序（圖 3-11）。

## 分析複雜度

氣泡排序第 1 回合進行的比較・交換是 $n$-1 次，第 2 回合進行的比較・交換是 $n$-2 次，因此，合計比較・交換的次數是 $(n-1)+(n-2)+\cdots+1 = \frac{1}{2}n(n-1)$。

無論輸入資料的排列順序，次數都是不變的。如果輸入的資料已預先排序，則不會進行交換，但是進行比較的次數相同。如上所述，簡單實作的複雜度都會是 $O(n^2)$。

不過，實際上有個小技巧可以加以運用。例如，用旗標判斷這一回合是否有發生交換的情形，若都沒有發生交換，代表陣列已完成排序等優化的方式。

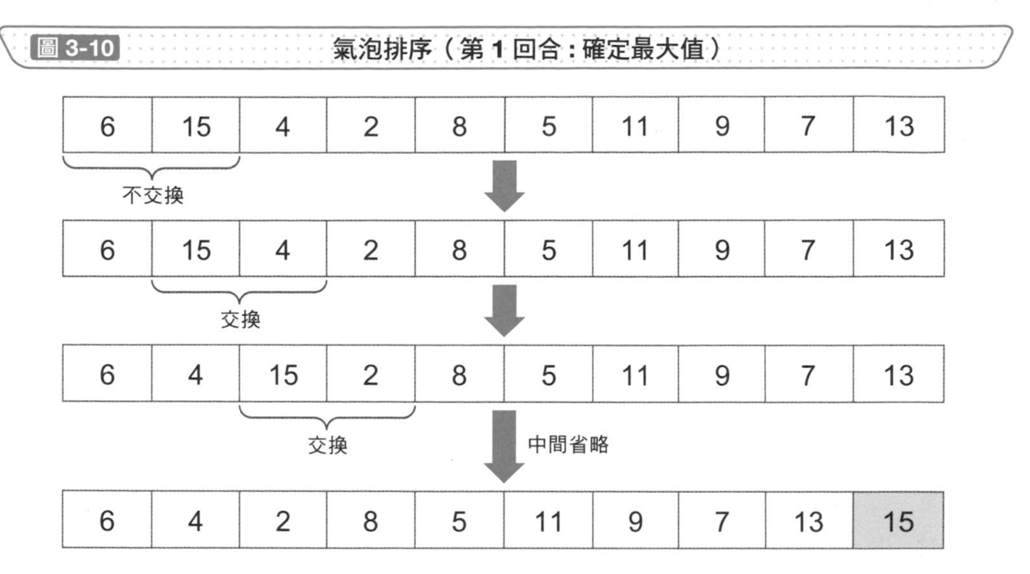


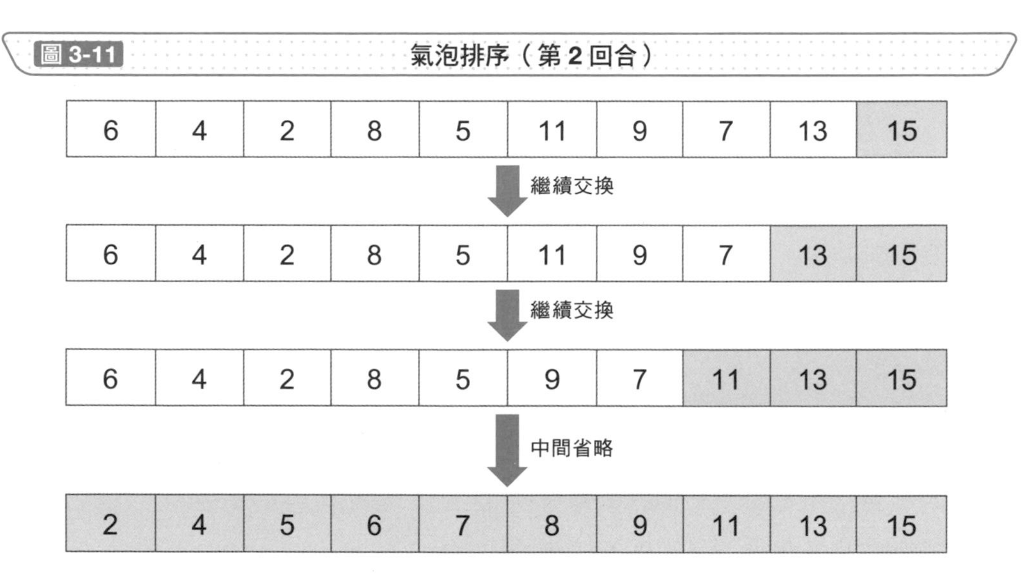


## Point

- 氣泡排序是反覆對相鄰兩者相互比較、並進行交換的排序方法
- 簡單的氣泡排序中無論輸入資料的順序為何，處理時間都是相同的

# 雙向排序陣列元素

## 雙向進行的雞尾酒排序

**3-5** 介紹的氣泡排序，是反覆進行交換並將最大值移到最後位置的方法。把最小值移動到最前方的位置則是**雞尾酒排序**，顧名思義，其移動的特徵是來回搖晃的樣子。

具體而言，**先移動最大值到陣列最後的位置之後，接著將最小值移動陣列最前方的位置。**此排序的過程，與氣泡排序的不同處在於，雞尾酒排序是雙向的排序方式（圖 3-12）。

可以運用氣泡排序的小技巧，以旗標判斷無發生交換代表完成排序便會終止執行，它對已排序資料的執行效率與插入排序同樣迅速。

例如，試著用圖 3-13 當原始資料思考看看。在這種情況下，初始階段最右邊的元素是升序排列因此不用交換。此時，從左邊進行交換到右邊時，會記錄下「連續幾個沒有交換」。那麼當反方向查找時，就可以先直接跳過這些項目數進行排序了。

## 分析複雜度

與氣泡排序相同，最壞情況的複雜度是 $O(n^2)$。雖然複雜度是相同的，上述的小技巧可以看出其執行效率比氣泡排序稍微好一些，但由於 Order 不變，因此一般來說不會有明顯巨大的變化。

因為對已排序資料會跳過排序而只會記錄沒有交換的次數，實際的處理會是單向比較不需要交換，因此用 $O(n)$ 處理即可。

圖 3-12 雞尾酒排序

| 6 | 15 | 4 | 2 | 8 | 5 | 11 | 9 | 7 | 13 |
|---|---|---|---|---|---|---|---|---|---|

與氣泡排序相同

| 6 | 4 | 2 | 8 | 5 | 11 | 9 | 7 | 13 | 15 |
|---|---|---|---|---|---|---|---|---|---|

與氣泡排序相反

| 2 | 6 | 4 | 8 | 5 | 11 | 9 | 7 | 13 | 15 |
|---|---|---|---|---|---|---|---|---|---|

與氣泡排序相同

| 2 | 6 | 4 | 8 | 5 | 11 | 9 | 7 | 13 | 15 |
|---|---|---|---|---|---|---|---|---|---|

中間省略

| 2 | 4 | 5 | 6 | 7 | 8 | 9 | 11 | 13 | 15 |
|---|---|---|---|---|---|---|---|---|---|

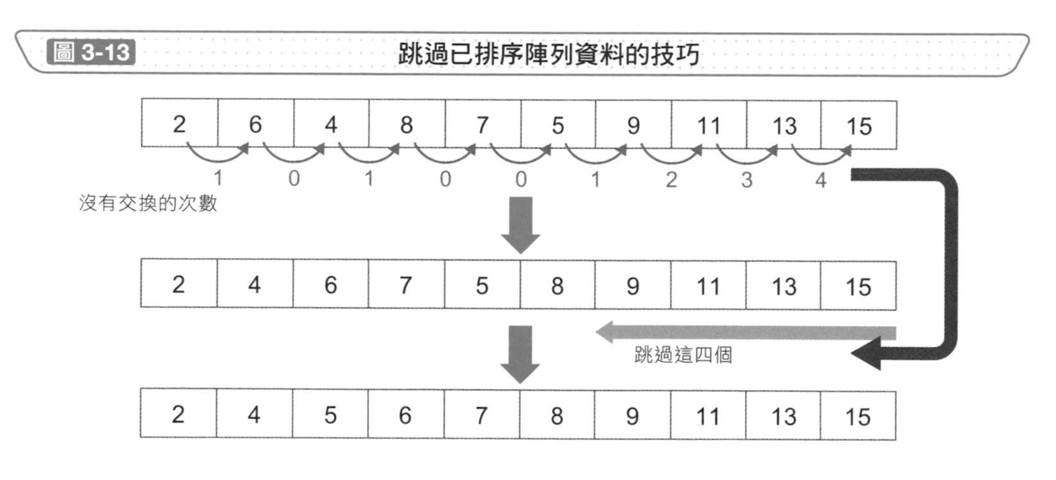
圖 3-13 跳過已排序陣列資料的技巧


## Point

- 雞尾酒排序是將單向的氣泡排序改為雙向來縮短範圍進行排序的方法
- 使用跳過已排序資料的技巧，原始資料的排列順序會讓處理的效率更好

# » 併用交換與插入提升效能

## 等間隔進行的希爾排序

插入排序是交換相鄰的資料並對其進行排序的方式，若是未排序的狀態則需花費時間處理。如果是逆序排列的話，需要交換的次數會是最多次。

因此，**將整個陣列按指定的間隔分割成數個小陣列，並運用插入排序或是氣泡排序再加以排序，然後逐漸縮短間隔長度的方法**，是取用發想者名字而命名的希爾排序。

例如有個像圖 3-14 上方的陣列，初始先分為 4 個間隔對相同顏色的元素進行排序，就會得到像圖 3-14 下方的陣列。前半段多集中小的，後半段多集中大的。

接著，請試著用間隔 2、間隔 1 進行排序。對此排序使用一般的插入排序會得到如圖 3-15 所示的排序結果。

此間隔的決定方式有幾種類別可以選擇。例如，Knuth[※1] 提出的間隔數列是 1, 4, 13, 40, ... , $\frac{3^k-1}{2}$，並依序比較該陣列長度之中的元素。就圖 3-14 表示的 10 個數列而言，第一回合排序的間隔取 4，第二回合的間隔取 1。

## 分析複雜度

希爾排序的複雜度會因為使用多少的間隔而不同。

基本上，因為前半段是小的元素，後半段是大的元素，整體來說可以考慮利用插入排序，也就是「已排序資料運行速度快」的優點試試看。

最壞複雜度的時間與插入排序相同是 $O(n^2)$，但會知道其平均複雜度的時間為 $O(n^{1.25})$。

※1 高德納(Donald Ervin Knuth)。排版系統TeX的開發者，其著作《The Art of Computer Programming》被譽為是「演算法真正的聖經」。

圖 3-14 希爾排序（間隔 4）

6
15
4
2
8
5
11
9
7
13
6
5
4
2
7
13
11
9
8
15

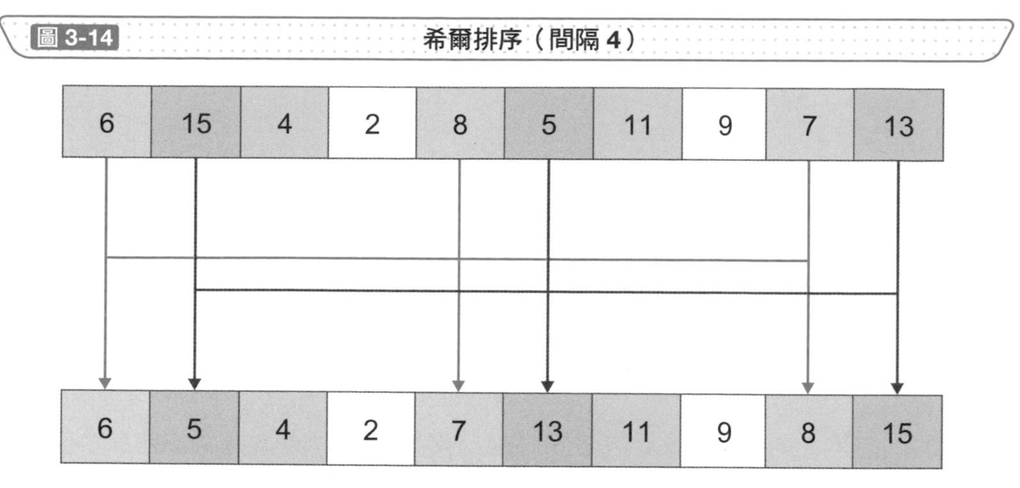

圖 3-15 希爾排序（間隔 2→1）

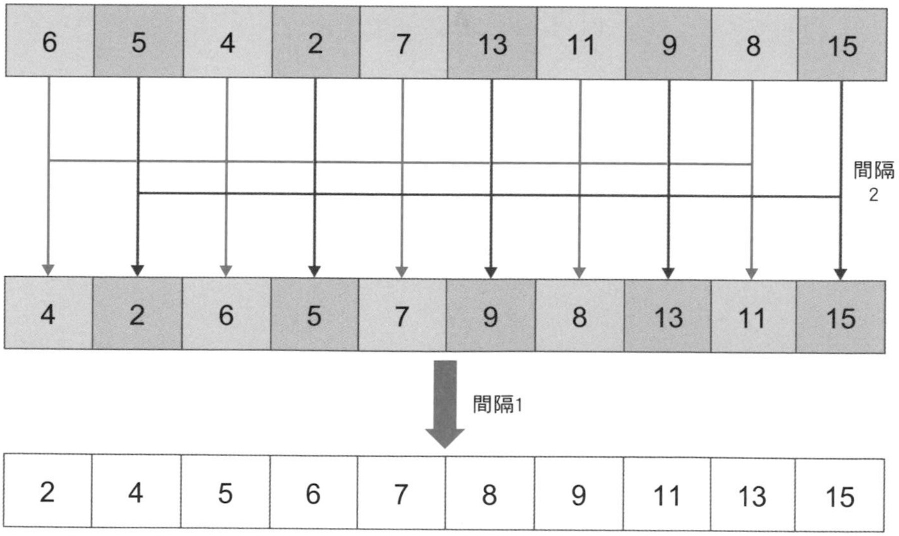

6
5
4
2
7
13
11
9
8
15
間隔
2
4
2
6
5
7
9
8
13
11
15
間隔1
2
4
5
6
7
8
9
11
13
15

## Point

- 希爾排序是等間隔取出部分陣列長度、反覆在內部進行排序並逐漸縮小間隔的方法
- 其處理速度會因為間隔設定的方式而有不同，但平均而言，會比簡單的插入排序的處理速度更快

# 》堆積結構的排序

## 重整堆積結構加快速度

**2-16** 有解說到堆積的資料結構。堆積的最小值會在根，取出之後會再調整重置。活用此堆積的特性進行排序稱為**堆積排序**。

換言之，**把要排序的陣列建立為二元堆積，對其依序取出值並進行排序的概念**。二元堆積不單可以快速建構，以及取出之後的調整重置時間，它的特性可以達到高效率的排序效果。

首先，一一儲存堆積中所有的數字並重建堆積（圖 3-16）。圖中重建的堆積是從前依序取出陣列元素，按照 **2-16** 介紹的步驟反覆進行加入至堆積之中。

然後在完成調整堆積後，接著開始取出最小值的動作。由於最小值只會在堆積的根，所以想取出的是最小值的話只需要找出根就好。然後，在每次取出後會調整堆積以符合特性（圖 3-17）。

直到取完堆積的值，並將取出的資料按順序排列，就自動完成排序了。

## 分析複雜度

分析調整堆積所需的複雜度，假設有 $n$ 筆資料需要執行，則為 $O(n \log n)$。此外，一個一個取出數字並建立已排序的陣列，需要的複雜度也是 $O(n \log n)$。

也就是說，堆積排序所需的時間複雜度為 $O(n \log n)$，這比選擇排序或是插入排序、氣泡排序的 $O(n^2)$ 還快。

但是，要完整實作建構二元堆積，依序取出值並進行排序的操作會有點麻煩，原始碼也相對會變得複雜。

圖 3-16 堆積的結構

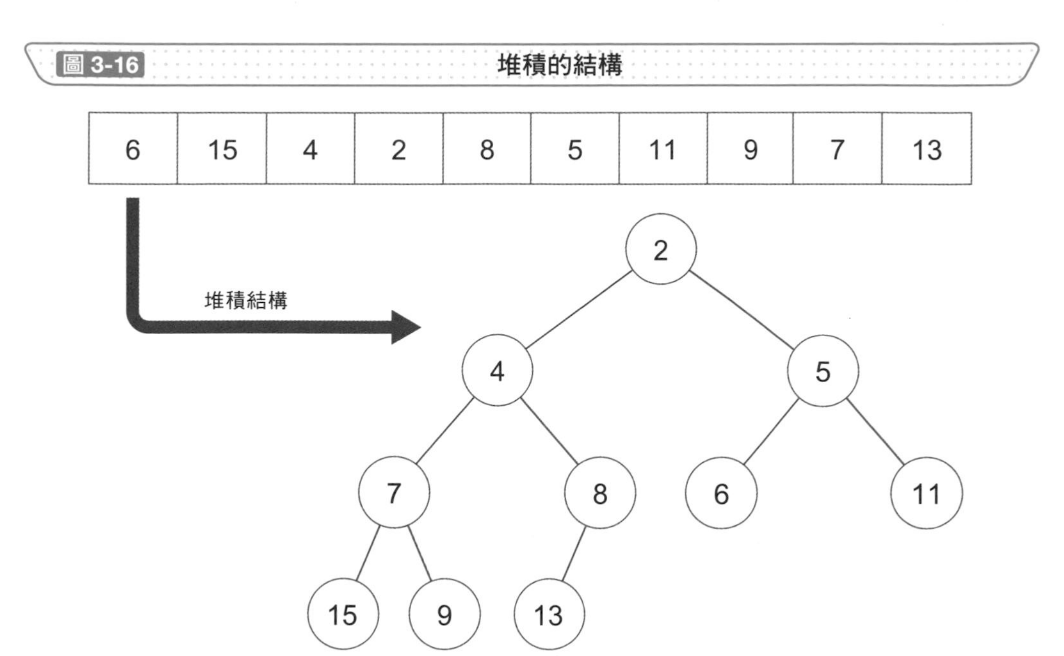


圖 3-17 從堆積取出

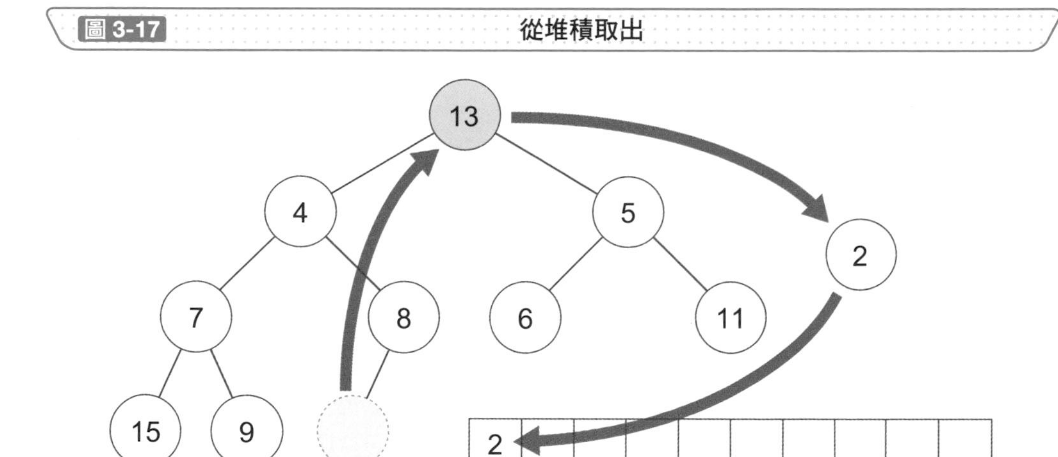


## Point

- 堆積排序是利用堆積轉換成資料結構的排序方法
- 堆積排序比選擇排序、插入排序、氣泡排序等的處理速度還快，但是實作較為複雜

# 比較多筆資料並進行合併

## 整合單獨元素的合併排序

把陣列之中欲排序的資料拆分成單獨元素的子陣列、並合併（Merge）這些子陣列的方法，稱為**合併排序**（圖 3-18）。

與目前介紹過的其他排序方法不同在於，合併排序是在另外的區域重建新的陣列並執行處理，不限於在記憶體上或是外接式裝置當中。**進行合併時，陣列中的值按升序排列實作，當完成一整個陣列時，所有的值會呈現已排序的狀態**。

舉例來說，假設圖 3-18 的第 3 排到第 4 排中有 [6, 15] 和 [2, 4, 8] 這兩個陣列要合併。首先比較前端的 6 和 2 並取出小的 2，接著比較陣列前端剩下的 6 和 4 並取出小的 4，然後再比較 6 和 8 取出 6，比較 8 和 15 後取出 8，最後取出剩下的 15 就完成了（圖 3-19）。重複進行此動作直到所有數字都合併在陣列中為止。

## 分析複雜度

分析合併排序中整合部分所需的複雜度。合併兩個陣列的過程，只是反覆進行比較和取出每個陣列的第一個值而已，以排序陣列等長的 Order 處理。如果全部有 $n$ 個元素，則 Order 為 $O(n)$。

接下來分析合併的段數，要把 $n$ 個陣列合併成為一個所需的段數會是 $\log_2 n$，整體的時間複雜度為 $O(n \log n)$。

而合併排序的特徵是可以用於無法容納在記憶體中的大量資料。由於可以從兩個資料中取出並同時進行排序，因此可以合併來自多個硬碟裝置的資料同時建立排序。

圖 3-18 合併排序

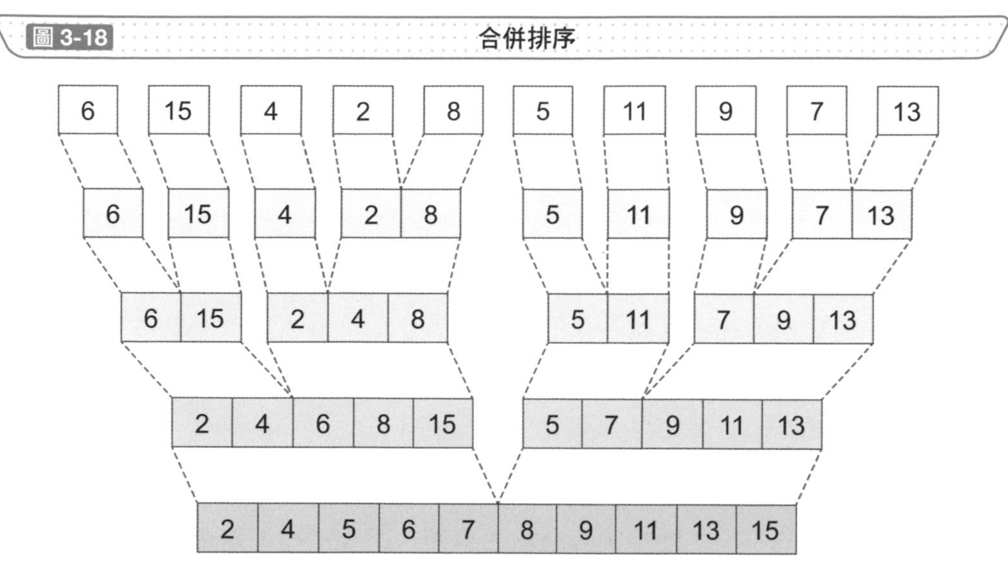


圖 3-19 由前依序比較

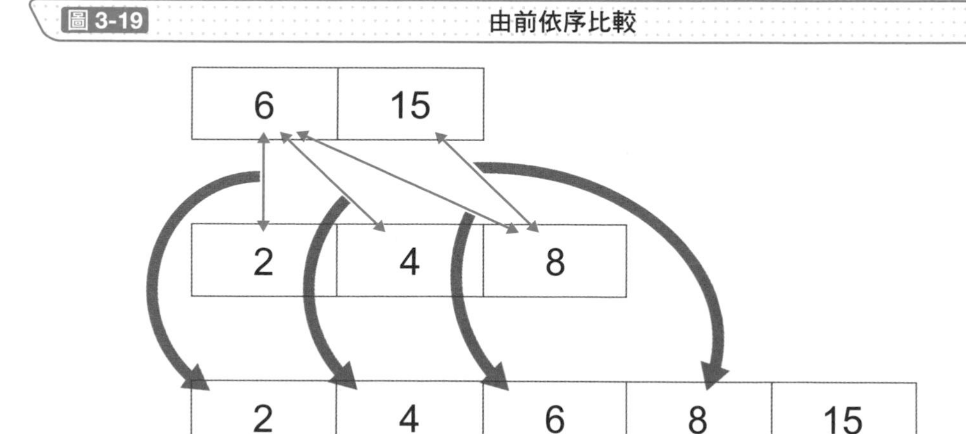


## Point

- 合併排序是比較 2 個以上的陣列的前端、並合併組合的排序方法
- 無論排序前的順序如何，都可以進行穩定地快速處理
- 合併排序甚至能夠對無法放入記憶體的大量資料進行排序

# 常用於快速重新排序的方法

## 分割小單位後執行的快速排序

快速排序是從陣列中隨意選擇一筆資料，並以此為基準值將其分割成小的和大的元素，再以相同方式分割左右陣列的排序方式。它通常被歸類在一種名為分治法的設計模式的方法，透過反覆執行將其分割成更小單位的動作，直到無法再繼續分割為止就會得出整體的解答（圖 3-20）。

此時，**如果分割的不均勻就會失去原本的意義，因此選擇基準值變得很重要**。如果選擇得當其處理速度快，如果選擇的基準值無法完全被分割，在此過程中有可能會花費跟處理原始問題一樣多的時間。

快速排序之中，將這個成為基準的資料稱為基準值（pivot）。選擇基準值的方法有很多種，在此我們選擇「陣列的第一個元素」如圖 3-21 所示進行比較。首先，將陣列前端的「6」當成是基準值，分為小於 6 的元素和大於 6 的元素，再對兩個分開的陣列分別執行相同的處理。

請注意，**此過程只是純粹分割的動作，而不是明示性排序**。換言之，分割後的陣列並不會是升序的順序，但因為有分割到最後的特性，只要將最下方的陣列合併就可得出已排序的狀態。

## 分析複雜度

快速排序如果剛好挑選到適當的基準值，其複雜度與合併排序相同是 $O(n \log n)$，這是因為它和合併排序一樣，會反覆進行對半分割，但在最壞的情況下是 $O(n^2)$。我們已知它在實務上比堆積排序和合併排序的處理速度更快。

圖 3-20 分治法

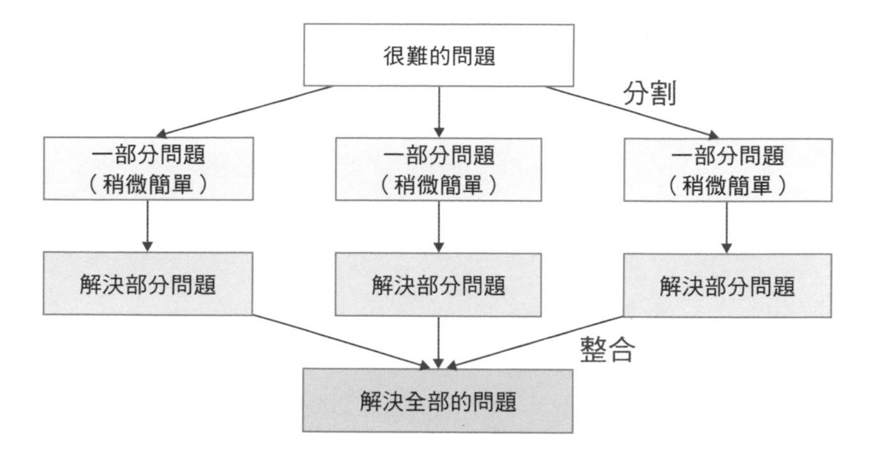


圖 3-21 快速排序

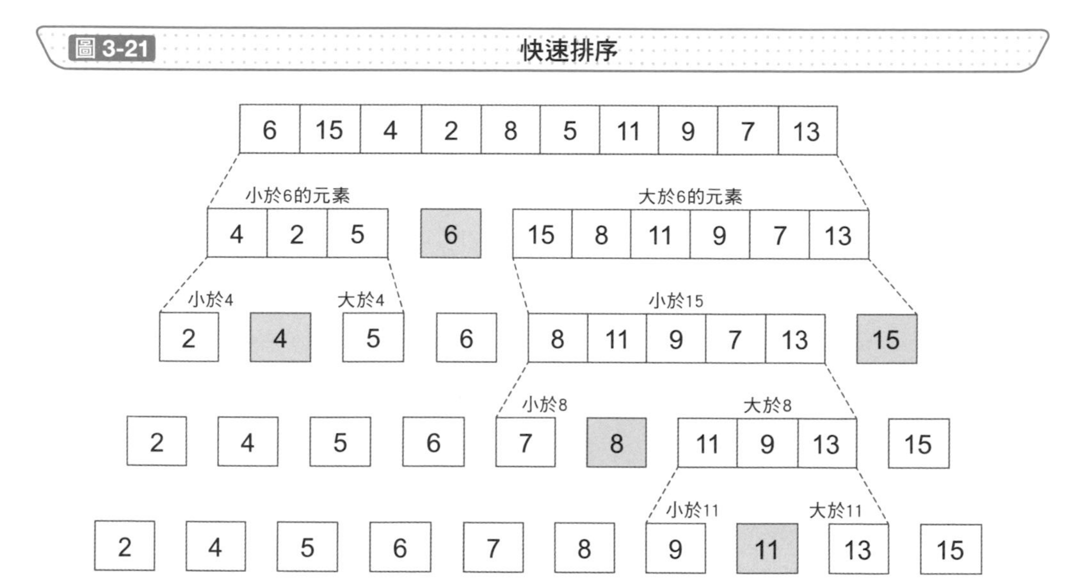


## Point

- 快速排序採用分治法的概念，是透過切割大於基準值或是小於基準值來進行排序的方法
- 選擇得當的基準值其處理的效率極佳，而不適當的基準值其處理效率有可能會是最壞的情況

# 取值範圍內有效

## 排序效率高的桶排序

目前為止介紹的方法都能適用於分數和負數等任何值，但我們實際能取得的值可能是有極限的。例如像是學校的考試分數滿分為 100 分，分數只有用整數表示，且能取得的值只有 0 到 100 之間的 101 個可能性。

碰到這樣的情況，有個更快速的排序方法可以用，稱為**桶排序**或 **Bin Sort**。顧名思義，是用桶子或是瓶子做為比喻的命名方式，**事前準備與取得範圍值相同數量的容器，然後計算每個容器能夠存放多少個的數量**。舉例來說，有一份從 1（非常好）、2（好）、3（普通）、4（差）和 5（非常差）幾個簡單的選項中選擇的問卷調查。對此情形，準備從 1 到 5 的五個容器，並將資料按順序放入到該容器中。如果能放入所有的資料，接下來只需要取出與容器中相同筆數的資料即可（圖 3-22）。

## 分析複雜度

假設有 $n$ 個資料，取得範圍值有 $m$ 種類型的情況，在這種情況下放入容器所需的時間是 $O(n)$，從容器中取出所需的時間是 $O(n+m)$。換句話說，它的複雜度會是 $O(n+m)$，$m$ 越小執行的效率越高。

## 運用桶排序的基數排序

**基數排序**是桶排序的進階應用。例如有一組 3 位數的數字，對個位數、十位數、百位數的每一個位數都使用桶排序。**如此一來，取得範圍值的數量稍微多一點也不影響執行效率**（圖 3-23）。對此排序法必須使用穩定排序進行。

**圖 3-22** 桶排序

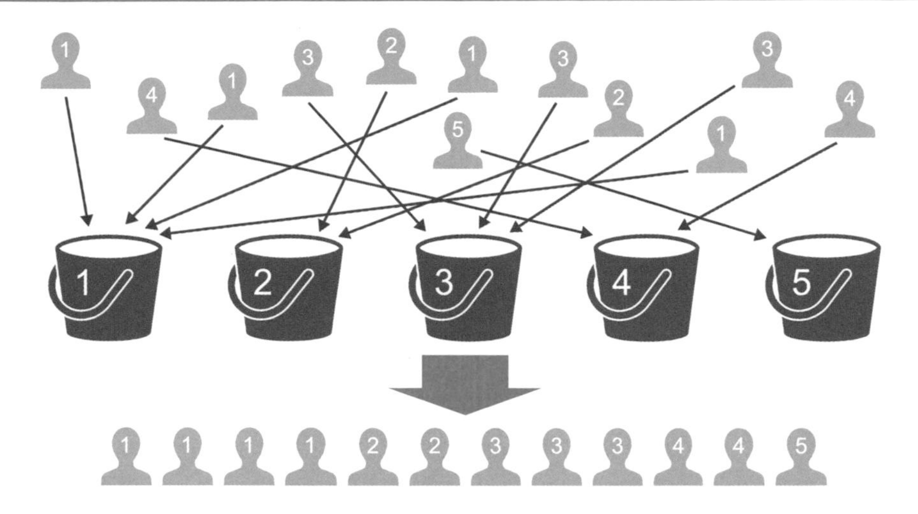


**圖 3-23** 基數排序

| 678 | 123 | 32 | 256 | 76 | 83 | 512 | 56 |
|---|---|---|---|---|---|---|---|

↓ 個位數排序

| 32 | 512 | 123 | 83 | 256 | 76 | 56 | 678 |
|---|---|---|---|---|---|---|---|

↓ 十位數排序

| 512 | 123 | 32 | 256 | 56 | 76 | 678 | 83 |
|---|---|---|---|---|---|---|---|

↓ 百位數排序

| 32 | 56 | 76 | 83 | 123 | 256 | 512 | 678 |
|---|---|---|---|---|---|---|---|

## Point

- 桶排序是在取得值有範圍限制的情況下使用的排序方法
- 基數排序會對每位數的大小使用桶排序，讓執行效率更好

# 預留排序的空間

## 特別預留空格的圖書館排序

目前為止我們都是以資料會放滿陣列所有空間的觀點來介紹各種不同的排序法。但如果陣列的長度足夠，看起來像是缺少一些資料而多出可配置的空間，其實可利用此空間來縮短後續新增資料所需的排序時間。

碰到這樣的情況便可以使用圖書館排序。我們可以想像成是圖書館架上陳列的書籍，需要重新進行排列的情況會有助於理解其原理。圖書館裡的書籍基本上都是以類別整理在架上的，書籍會按照編號和標題依序排列在書架上（圖 3-24）。

像這樣進行排序時，可以使用類似插入排序的方法。使用插入排序，如果您在陣列中插入元素，則必須移動該位置之後的所有元素。這也是插入排序效率欠佳的原因所在，**但圖書館不會在架上擺滿書籍，而是會預留一定區間的空位給後續有可能會新增的圖書，之後要移動的書籍量也就更少、更省事**。

如預留的空位恰到好處，則實現的排序效率高，不過預留的空位會占用掉部分空間，因此實作上需要再多費心思安排。

## 非順序搜尋的跳躍鏈結串列

在資料結構的內容中，我們介紹了鏈結串列和雙向鏈結串列，它們使用上都可以很快速地新增和刪除資料，但都有必須要從頭依序搜尋的缺點。但是，不是按照順序走訪，而是跳過順序搜尋的方式是跳躍鏈結串列（圖 3-25）。非順序搜尋的跳躍鏈結串列與圖書館排序的概念，在提升效率方面有異曲同工之妙。

圖 3-24　圖書館排序

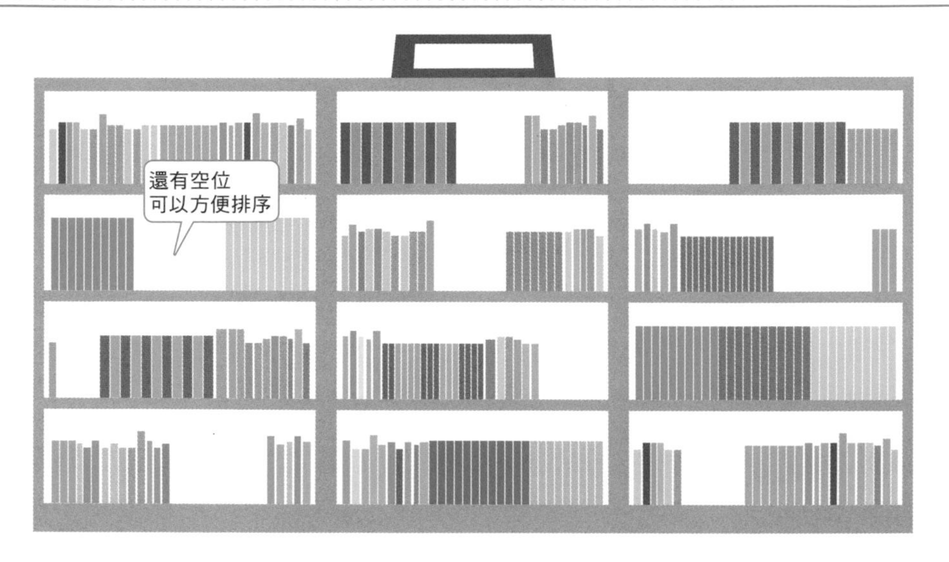


圖 3-25　跳躍鏈結串列

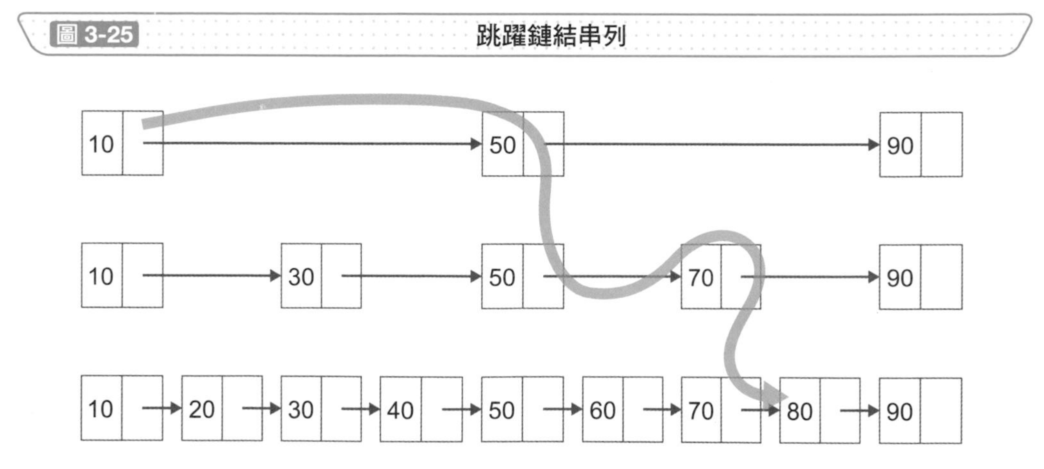


## Point

- 圖書館排序是預留圖書館書架上的擺放空間，限制排序之後要移動範圍的排序方式
- 使用跳躍鏈結串列跳過依序遍歷，可以讓搜尋更有效率

# » 會心一笑的排序方式

## 刪除式的史達林排序

史達林是前蘇聯的最高領導人，以大規模的政治鎮壓而聞名，在任期間發動的「大清洗」使許多人都受到其迫害，**史達林排序**便是以他的名字命名的排序方法。

**在要排序的陣列當中，剔除不符合條件（不成序）的資料**，進而比喻為「大清洗」而來的。

例如，在圖 3-26 中，6 和 8 是比前面的 9 還小的值，11 也比前面的 13 還小的值，所以排除掉這些之後，自然會呈現的是已排序的狀態。

當然，最後呈現的結果會是完成排序的資料，且無論任何資料其執行的複雜度始終是 $O(n)$。但因為它會剔除有用的資料，通常都笑看它是虛有其名而無實用性的排序法。

## 靠運氣的猴子排序

用於隨機打亂的排序法稱為**猴子排序**（圖 3-27），其方法是隨機排列給定資料的順序，並確認結果是否有排序。它沒有進行任何有關於排序的動作，只要不斷地重複隨機弄亂的動作，總會有一次可以恰好弄亂成已排序好的陣列。

有時候可能會碰巧一次就隨機排列完成，但也有可能會不斷重複排序失敗。

元素數量少相對的成功機率比較高，或許容易得到好的結果，但對排序不會有幫助，只能被當作是笑話而已。

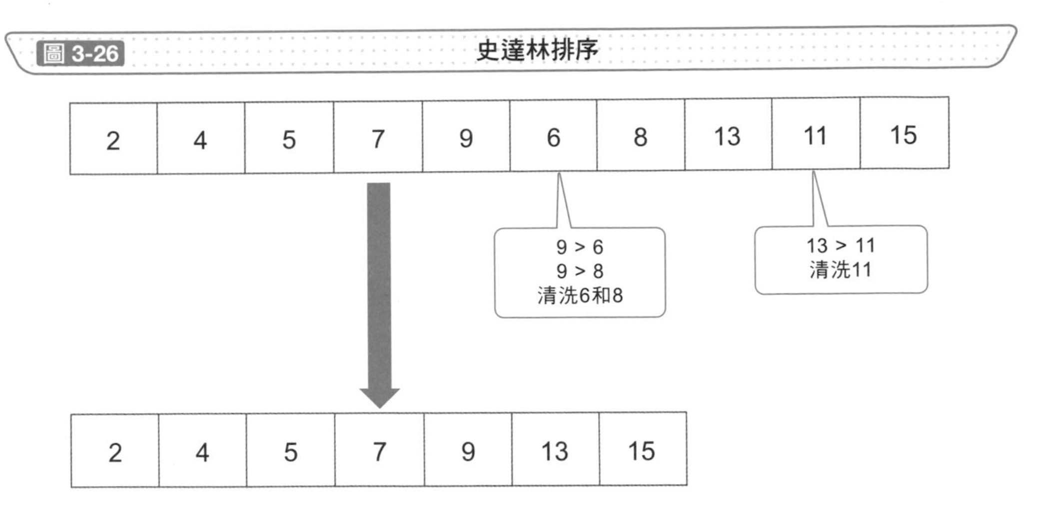


圖 3-26 史達林排序

圖 3-27 猴子排序

| 6 | 15 | 4 | 2 | 8 | 5 | 11 | 9 | 7 | 13 |
|---|---|---|---|---|---|---|---|---|---|

生成隨機值

| 4 | 8 | 11 | 13 | 7 | 15 | 6 | 9 | 2 | 5 |
|---|---|---|---|---|---|---|---|---|---|
| 13 | 7 | 9 | 11 | 8 | 4 | 2 | 5 | 6 | 15 |
| 8 | 2 | 6 | 9 | 13 | 15 | 4 | 11 | 5 | 7 |
| 15 | 13 | 11 | 9 | 8 | 7 | 6 | 5 | 4 | 2 |
| 5 | 7 | 2 | 11 | 4 | 9 | 8 | 6 | 13 | 15 |
| 2 | 4 | 5 | 6 | 7 | 8 | 9 | 11 | 13 | 15 |

…

## Point

- 史達林排序是剔除不成序的資料，使順序呈現已排序狀態的方法
- 猴子排序是隨機打亂陣列，直到剛好完成排序為止

# » 該選用什麼方式？

## 最佳的排序法取決於資料結構

我們按照 Order 表示的複雜度比較目前為止所介紹到的排序法，會如圖 3-28 所示。重要的是知道每個執行方式都有它的特色所在，並瞭解**沒有任何排序法是全方面能夠適用於所有資料的**。

堆積排序是即使資料的內容有變，也不影響複雜度變化，但因為不能並行處理、也無法訪問連續記憶體的關係所以不常用到。

合併排序是無論資料結構如何都是相同的時間複雜度，也可以並行處理，但排序大量資料時需要大量的記憶體進行。在許多情況下，合併排序和快速排序的執行效率高，但在某些特定情況下，桶排序具有壓倒性的高效率。

需要的是理解每個排序法的特徵，和懂得比較每個特色的能力。

## 用程式運行的時間比較演算法

即使是 Order 相同的演算法，**實際上卻因常數倍時間的影響，使執行時間有差異**的情況並不少見。另外，即使考慮到最壞的時間複雜度，但在現實生活也不會有這麼糟的情況發生，平均得到的結果都不差。

所以，我們試著實際透過程式測試它們的執行時間。堆積排序和合併排序的平均時間複雜度與快速排序同樣是 $O(n \log n)$，但快速排序最壞的時間複雜度是 $O(n^2)$。看到這裡，似乎堆積排序和合併排序是比快速排序更快的演算法，實際以我身邊的環境測試後的結果會是像圖 3-29 所示，足以說明會因為選用的演算法而出現大不相同的結果。

圖 3-28 比較 Order

| 排序方法 | 時間複雜度 | 最壞時間複雜度 | 備註 |
|---|---|---|---|
| 選擇排序 | $O(n^2)$ | $O(n^2)$ | 最好只會是 $O(n^2)$ |
| 插入排序 | $O(n^2)$ | $O(n^2)$ | 最好的情況是 $O(n)$ |
| 氣泡排序 | $O(n^2)$ | $O(n^2)$ | |
| 雞尾酒排序 | $O(n^2)$ | $O(n^2)$ | |
| 希爾排序 | $O(n^{1.25})$ | $O(n^2)$ | |
| 堆積排序 | $O(n \log n)$ | $O(n \log n)$ | |
| 合併排序 | $O(n \log n)$ | $O(n \log n)$ | |
| 快速排序 | $O(n \log n)$ | $O(n^2)$ | 實用上效率好 |

圖 3-29 作者的作業環境所測試的結果

（用 Python 測試 5 次，剔除最大和最小取平均 3 次的結果）

| 排序方式 | 10,000 件 | 20,000 件 | 30,000 件 |
|---|---|---|---|
| 選擇排序 | 5.71 秒 | 25.58 秒 | 58.41 秒 |
| 插入排序 | 7.03 秒 | 27.10 秒 | 67.35 秒 |
| 氣泡排序 | 14.71 秒 | 61.69 秒 | 140.34 秒 |
| 雞尾酒排序 | 12.21 秒 | 53.69 秒 | 124.82 秒 |
| 希爾排序 | 5.85 秒 | 25.90 秒 | 56.41 秒 |
| 堆積排序 | 0.13 秒 | 0.33 秒 | 0.51 秒 |
| 合併排序 | 0.05 秒 | 0.15 秒 | 0.20 秒 |
| 快速排序 | 0.03 秒 | 0.11 秒 | 0.13 秒 |

**Point**

- 沒有任何排序法是全方面能夠適用於所有資料的
- 即使是 Order 相同，用實際的資料測試過後就會知道差異所在

## 試試看

### 請試著繪製排序的流程圖

本章介紹了許多種排序的演算法。即使對每個步驟都具備相當概念，當思考如何將其實現於程序之中時，利用繪製流程圖的方式也會對你有很大幫助。

例如，將選擇排序的執行步驟用流程圖表示，會如下圖呈現的狀態。

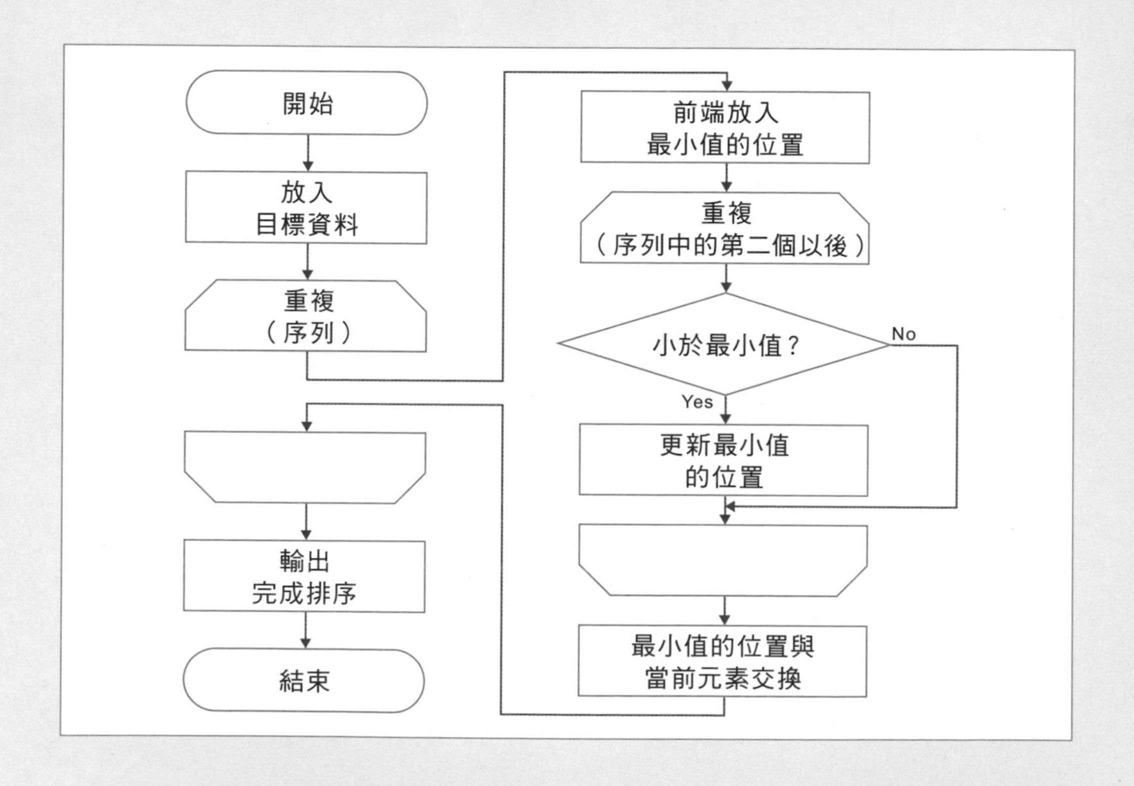


請試著用類似方式為其他演算法繪製流程圖。如果你是使用 Excel 或 PowerPoint 軟體工具，有內建繪製流程圖最基本的圖案，能協助你輕鬆完成繪製。

另外，還有像「draw.io」這樣的線上免安裝圖表工具（https://www.draw.io/），直接在網頁瀏覽器上就可以執行繪製，強力推薦大家使用。

第4章

# 搜尋資料

## ～如何快速尋找目標值？～

# 從多筆資料當中找出吻合條件值

## 搜尋和搜尋的不同之處

用於形容從大量資料集當中找出特定資料的單字有搜尋或搜尋，兩者皆有「尋找」的意思。搜尋指的是從資料庫當中調查相關資訊找出目標資料，而搜尋指的是未知的資訊當中找尋目標資料的意思（圖 4-1）。

換言之，**搜尋通常用於形容找出能加深某種程度已經理解的內容，而搜尋則通常用於形容尋找不確定是否真的存在的內容**。

經常會使用到的演算法都有包含搜尋。搜尋指的就是，在不知道資料儲存於陣列當中的位置、也不確定是否真的存在的狀態下，找尋目標資料的意思。

## 搜尋對演算法很重要的原因

如果全部只有 10 筆資料，就算是人工尋找也不會花費太多時間，但是當數量達到數萬或數億筆資料時，就很難再用純人工來完成了。這點和排序法相同，即使透過程式處理，簡單的方法也是會花費時間，因此需要一種更有效率的解決方法。

方法是否有效要視尋找的內容而定。例如，在字典或電話簿中尋找某個關鍵字或名稱時，可以按照字母的排序，判斷是在打開的頁面之前還是之後。

另一方面，請試著想像在書局找書的情況。書局裡擺著成千上萬冊的書籍，如果單純從角落開始尋找，將花費很長時間。況且書籍也未必是按照字母或筆畫的順序擺放。我們應該會依照類別找出歸類的書架，再從書架上尋找目標書籍。因此必須要懂得配合目的改變搜尋的方式（圖 4-2）。

**圖 4-1** 搜尋和搜尋的比較

| | 搜尋 | 搜尋 |
|---|---|---|
| 尋找目的 | 了解更多<br>（知道一部分） | 確認是否存在<br>（不知道是否真的存在） |
| 尋找什麼 | 有一定程度的理解<br>（根據自己的知識匹配答案） | 不是很理解<br>（沒有相關知識） |
| 尋找地點 | 有整理的<br>（書籍、網絡、資料庫等） | 不知道有沒有整理過 |
| 尋找方式 | 有一定程度的方式<br>（查字典、使用搜尋引擎等） | 要花心思<br>（想出有效率的方法） |

**圖 4-2** 搜尋方式的差異

數量少的　按順序排列的

無序排列的

可以馬上找到

從打開的頁面
判斷往前還是往後查詢

按分類縮小尋找範圍

## Point

- 搜尋是形容不知道資料的位置，資料也有可能根本不存在
- 如果不依照搜尋的對象改變搜尋方式的話，有可能會花費龐大的處理時間

# 徹頭徹尾的搜尋方式

## 適合用於整體數量少的搜尋法

雖然說有各種不同的搜尋手法，但整體而言，如果要搜尋的目標資料不多的話，就不需要考慮使用演算法了。不需想到程式，用人工尋找就綽綽有餘了。

例如，假設想從錢包中取出 100 日元硬幣。一般人的錢包裡大概會有 10 到 20 枚的零錢，但零錢有分 1 元硬幣、5 元硬幣、10 元硬幣、50 元硬幣、100 元硬幣、500 元硬幣這六種貨幣，以此情況來說可以不費力氣地找到一個 100 元的硬幣，只要認出是銀色的硬幣就能馬上找到它。

## 面對大筆資料暴力搜尋也是有效

面對大筆資料時，有時也可以考慮用簡單直接解決的搜尋法──通常被稱為暴力法或窮舉法。它是採用地毯式的尋找方式，從列舉的內容中不停地搜尋符合條件的內容，雖然處理效率不高，但總有一天會找到想要的資料。**若是尋找不到，則表示它根本不存在**（圖 4-3）。

因為暴力法的程式實作相對簡單的關係，可用於一次性的程式。就算運行時間要花費 8 個小時，但花費在實作的時間也許只需要 5 分鐘而已。**與其用 20 個小時實作在 1 秒鐘完成搜尋的高效率程式，用暴力法的處理效率會比較好**（圖 4-4）。

是人都不願意做重複性高的簡單作業，但電腦會日以繼夜不斷地進行搜尋。因此，件數不多的情況下採用暴力法是很有效的。而「不多」的定義取決於電腦的性能，比如 1 秒內能夠計算 1 億次的電腦面對基本的資料處理，就算是有 1 億個版本只要花 1 秒就能完成。

圖 4-3 暴力法的優點

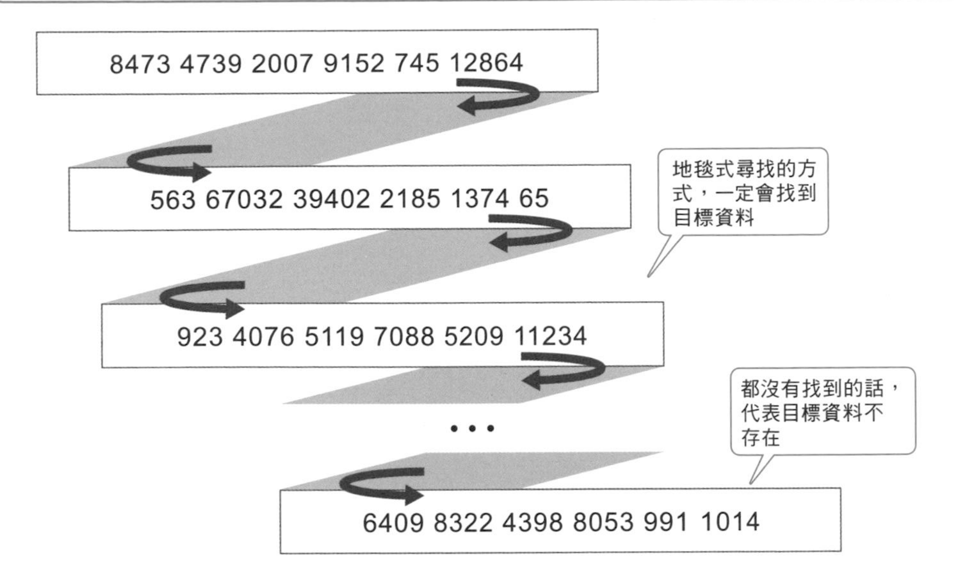


圖 4-4 選擇暴力法的理由

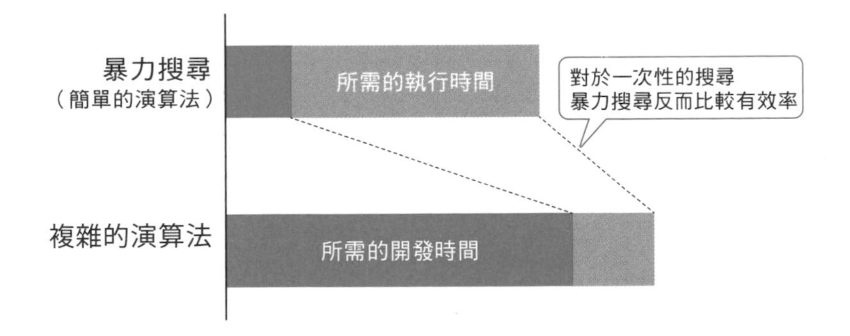


## Point

- 資料筆數少時，使用暴力法就能夠在一瞬間完成，不需要建立太複雜的程式處理
- 對於只是一次性的程式，花費在開發的時間越短反而效率越高
- 電腦擅長簡單的作業內容，越是簡單處理效率越好

# » 從頭依序搜尋

## 依序查詢資料

若資料是儲存於一維陣列之中，可以考慮用從陣列的前端依序查詢到陣列尾端的方法，這種搜尋方法稱為**線性搜尋**。由於線性搜尋算是暴力搜尋的一種，需要花時間處理，**因為它是直線式的搜尋方式，其程式結構相當簡單**，通常用於資料筆數少的情況。

例如，試想如何在程式當中用圖 4-5 的陣列尋找目標值「4」。首先與前頭的資料「5」進行比較，如果相同的話，則在此處結束搜尋，如果不相同，則再與下一筆資料「3」進行比較，如果相同的話，則終止搜尋。一直重複這個過程，直到出現與目標相同的值，就在此處終止搜尋。

## 分析線性搜尋的過程

許多時候，搜尋的目的不在於只要確認資料是否存在而已，還會想知道該資料在陣列當中的位置。

因此，我們會採用陣列和目標值作為引數傳遞並執行線性搜尋，若找到符合條件的資料就傳回其索引值。若找不到符合條件的資料，通常會使用回傳 -1 的方法（圖 4-6）。

## 分析線性搜尋的複雜度

使用線性搜尋，如果是在前端就找到目標資料的話，則比較 1 次就結束，但如果都沒有找到，則必須對陣列中每個元素進行比較。陣列當中有 $n$ 個元素數量，如果到最後都沒有找到則會需要比較 $n$ 次。這種情況我們用合計的比較次數除以資料筆數，求出平均的比較次數之後會是 $\frac{1+2+3+\cdots+n}{n}$ ，整理後會需要比較 $\frac{n+1}{2}$ 次。最壞的複雜度是比較 $n$ 次，屬於是複雜度為 $O(n)$ 的演算法。

圖 4-5 線性搜尋

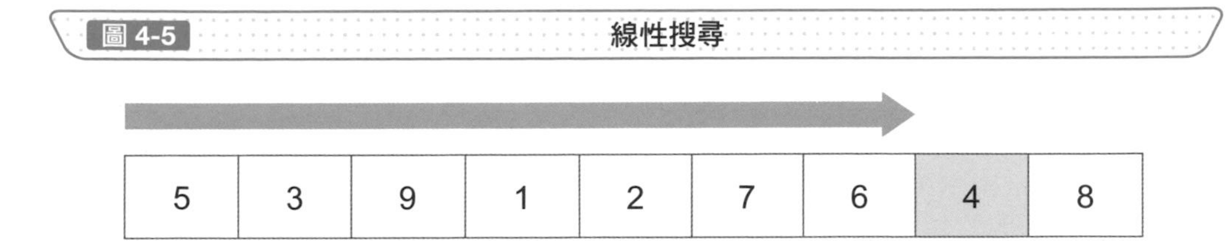


圖 4-6 線性搜尋的流程圖

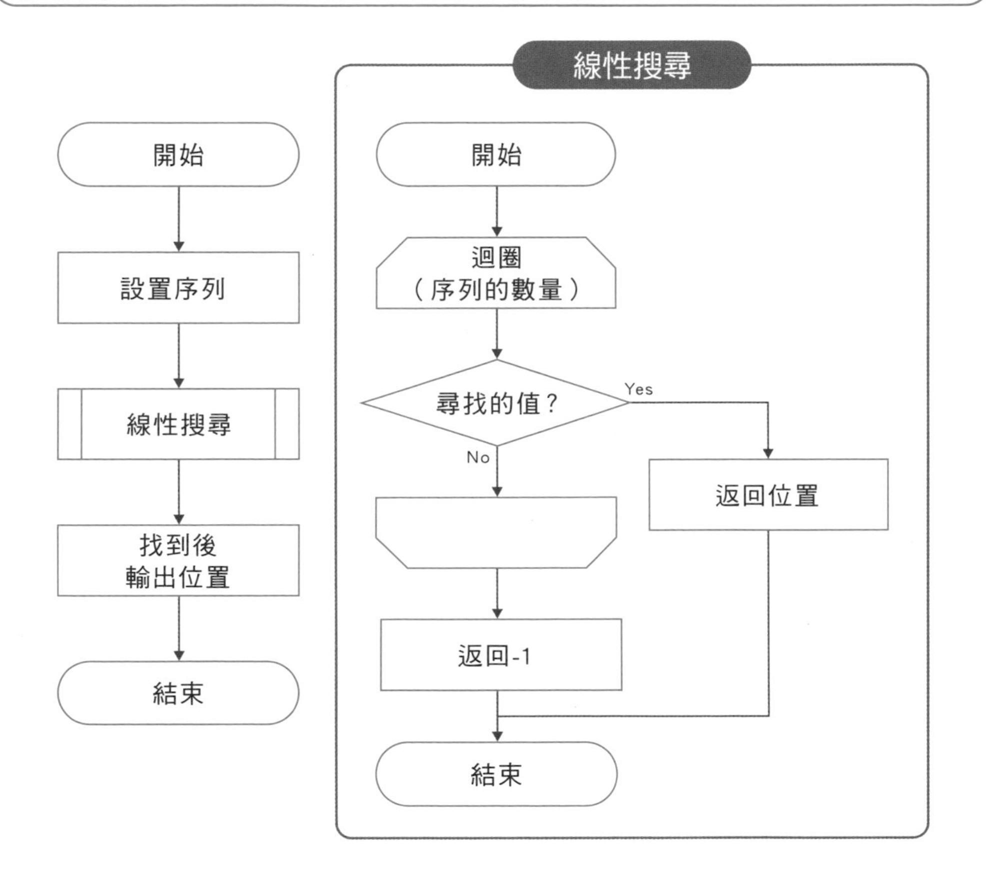


## Point

- 線性搜尋是從陣列的前端依序尋找的方法
- 如果在陣列的前端就找到目標資料的話只需比較 1 次，要是找不到就要對每個元素都進行比較

# 有序資料的搜尋方式

## 縮小 1/2 的搜尋範圍提高效率

當我們想更有效率地處理大筆的資料量，會聯想到類似查找字典或是電話簿的方法。對要進行查找的目標值，從目前的所在位置來判斷是要往前還是往後查找該值的方法。

**將搜尋範圍平分為兩部分，可以提升搜尋效率**，由於它的搜尋區間是資料量的一半，因此被稱為二分搜尋法。此搜尋法，適用於已經依序排列過的資料。

例如，以圖 4-7 的陣列是按升序儲存資料的情況來說，從這裡要找出「7」的話，首先與中心位置的「11」相比。知道 7 小於 11 ，所以尋找前半部分。接著與前半部分中間的「5」進行比較，這次知道是大於 5，所以尋找後半部分。我們會反覆進行此過程，直到找出符合目標值為止，一旦找到符合的值就會結束搜尋。

## 分析複雜度

乍看之下可能會覺得很複雜，不過看圖 4-7 就會知道搜尋範圍正在逐漸被縮小。資料量不多的時候看起來好像沒什麼效果，但是當資料量增加的時候，情況會完全不一樣。

比較 1 次的搜尋區間能減少一半，代表著陣列中的元素數量會變成 2 倍，但是比較的次數只會增加 1 次而已。如圖 4-8 所示，即使資料筆數增加到 1000 筆大約比較 10 次就能找到，增加到 100 萬筆資料大約比較 20 次就能找到，任何資料都能用這個方法找得到。可以知道二分搜尋法的複雜度是 $O(\log n)$。

因此，如果資料量越大，它的搜尋效率比線性搜尋更有壓倒性的優勢。但你必須事先對資料進行排序；當資料的筆數較少時，其實使用線性搜尋就已足夠。請評估選用適當的方法。

圖 4-7 二分搜尋法

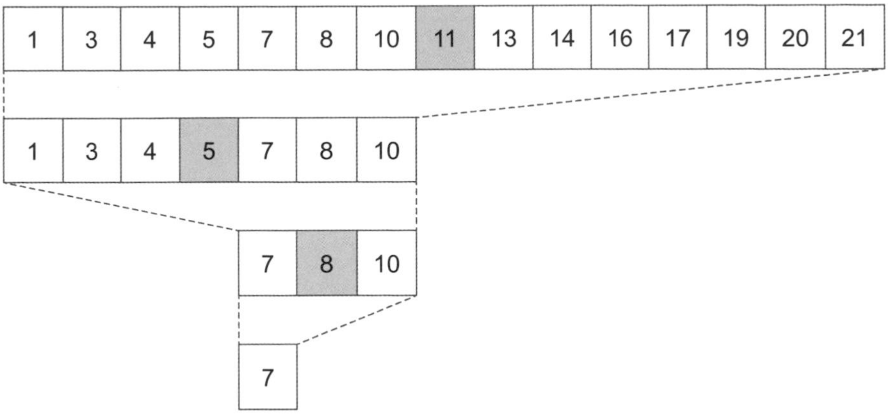

| 1 | 3 | 4 | 5 | 7 | 8 | 10 | 11 | 13 | 14 | 16 | 17 | 19 | 20 | 21 |
|---|---|---|---|---|---|---|---|---|---|---|---|---|---|---|

| 1 | 3 | 4 | 5 | 7 | 8 | 10 |
|---|---|---|---|---|---|---|

| 7 | 8 | 10 |
|---|---|---|

| 7 |
|---|

圖 4-8 二分搜尋法的比較次數

| 資料量 | 比較次數 |
|---|---|
| 少於2個 | 1次 |
| 少於4個 | 2次 |
| 少於8個 | 3次 |
| 少於16個 | 4次 |
| 少於32個 | 5次 |
| 少於64個 | 6次 |
| 少於128個 | 7次 |
| 少於256個 | 8次 |

| 資料量 | 比較次數 |
|---|---|
| 少於512個 | 9次 |
| 少於1,024個 | 10次 |
| …… | …… |
| 少於65,536個 | 16次 |
| …… | …… |
| 少於1,048,576個 | 20次 |
| …… | …… |
| 42億個 | 32次 |

## Point

- 將搜尋範圍縮小一半進行搜尋的方法稱為二分搜尋法
- 進行二分搜尋法的資料需要事先按順序排列
- 當資料量越大，二分搜尋的搜尋效率比線性搜尋還要高

# 按距離遠近的搜尋方式

## 往下延伸走訪搜尋

線性搜尋和二分搜尋是從一維陣列搜尋資料的方法。但是，正如第 2 章所介紹的，資料儲存在陣列以外，還有儲存在不同的資料結構當中。

比如說，試想在樹狀圖的資料結構當中尋找目標資料的情況。例如，要在電腦的資料夾中尋找名為「sample.txt」的文件，而在資料夾中還會新增其他的資料夾，因此需要更廣泛的搜尋方法（圖 4-9）。

在搜尋樹狀結構的資料時，從最靠近樹狀結構的根節點開始依序搜尋的方法稱為**廣度優先搜尋**。**由於它是接續進行先廣後深的搜尋方式，層數相鄰的目標節點會越快找到**。如果只需要在樹狀結構當中尋找 1 個距離最近的節點，可以有效執行快速地完成任務。

## 如何儲存搜尋的資料

要實現廣度優先搜尋的資料結構通常會使用 **2-21** 介紹到的佇列。首先將根節點的值放入佇列，走訪完第一層所有的節點後再往下一層走訪，並將子節點的值加入佇列中。

如此一來，從佇列取出資料時下一層節點的值會被添加到佇列的尾端。由前往後依序將元素加入佇列，可以實現圖 4-10 的廣度優先搜尋。

層數越多層的樹狀結構，其存在的節點通常就會越多，相對會增加使用佇列的記憶體容量。換句話說，如果想找出樹狀結構中所有滿足條件的內容，就需要準備跟樹狀結構每個層數的節點相同多的記憶體容量。

圖 4-9 資料夾的搜尋方式

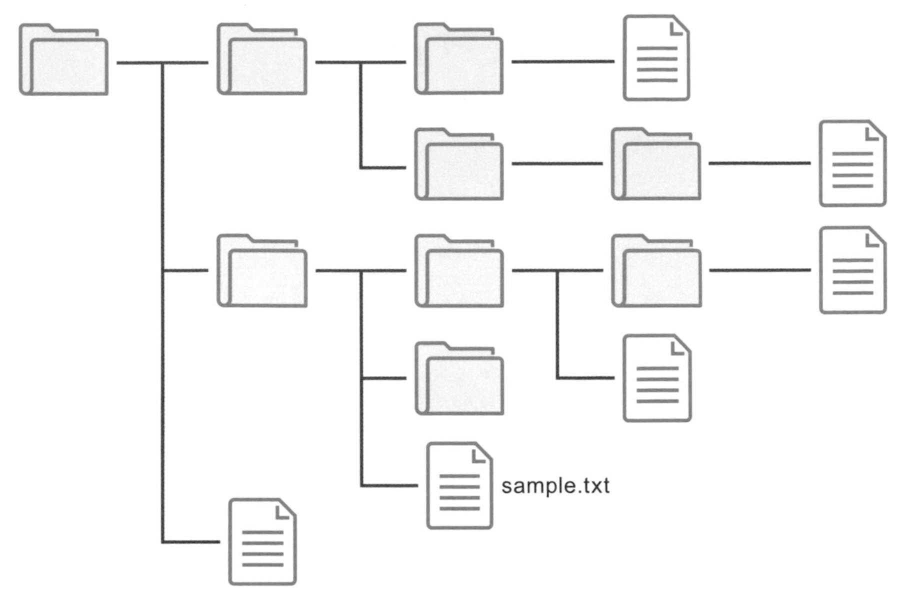


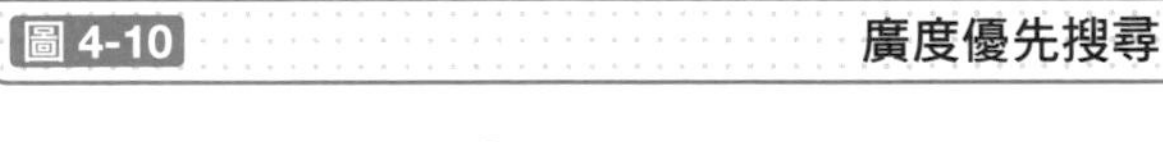

圖 4-10 廣度優先搜尋

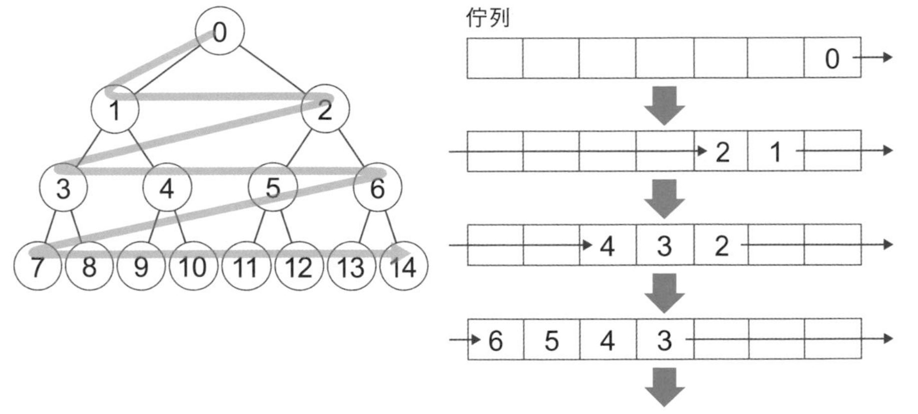


**Point**

- 從最靠近樹狀結構的根節點開始依序深入搜尋的方法稱為廣度優先搜尋
- 要實現廣度優先搜尋的資料結構通常會使用到佇列

# 按左右相鄰的搜尋方式

## 查詢所有可能

樹狀結構的搜尋方式還有與廣度優先搜尋概念相反的**深度優先搜尋**。它會沿著樹的某個方向儘量往前搜尋，直到無法繼續前進時，則終止搜尋並且折返，因此也稱為**回溯法**。

在黑白棋、象棋、圍棋等對局遊戲中，想要全域搜尋到某種深度時，常使用這個方法，它適用於調查所有路線、並從中選出最佳路線（圖 4-11）。

然而，即使你只需要找出 1 個最靠近樹狀結構的節點，也需要進行某種程度上的搜尋才能判斷出哪個是最靠近的。

## 如何儲存搜尋的路徑

通常使用 **2-20** 介紹的堆積來實現深度優先搜尋。首先將根節點的值放入堆疊，然後搜尋節點時，把下一層的資料加入到堆積並繼續前進（圖 4-12）。

如此一來，若有一節點其相鄰的節點皆被走訪過時，可以從堆積取出退回到最近曾走訪過的節點。持續走訪尚未搜尋的節點，重複此過程直到結束，進而實現深度優先搜尋。

廣度優先搜尋需要將該層的所有資料都保留在佇列當中，但深度優先搜尋只記錄到該節點的路徑距離而已。換句話說，即使層數再多，確保樹狀結構的路徑長度有足夠記憶體即可。就算是在樹狀結構當中想尋找所有可滿足條件的內容，也只需按照樹狀結構的層數深度，準備相對應的記憶體容量。

這樣，即使是搜尋較簡單的樹狀結構，也需要考量記憶體容量、搜尋的內容以及終止搜尋的條件，來適當區分使用廣度優先搜尋和深度優先搜尋。

圖 4-11 深度優先搜尋

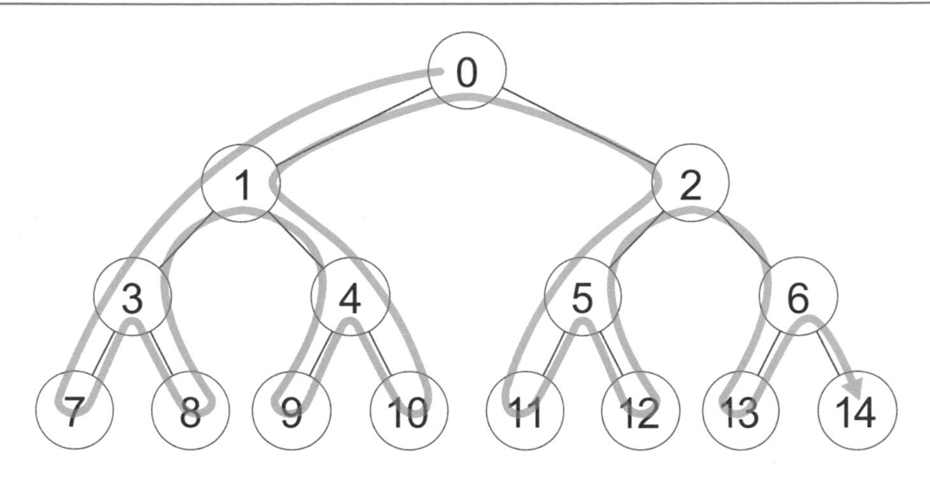


圖 4-12 深度優先搜尋中使用堆積的方式

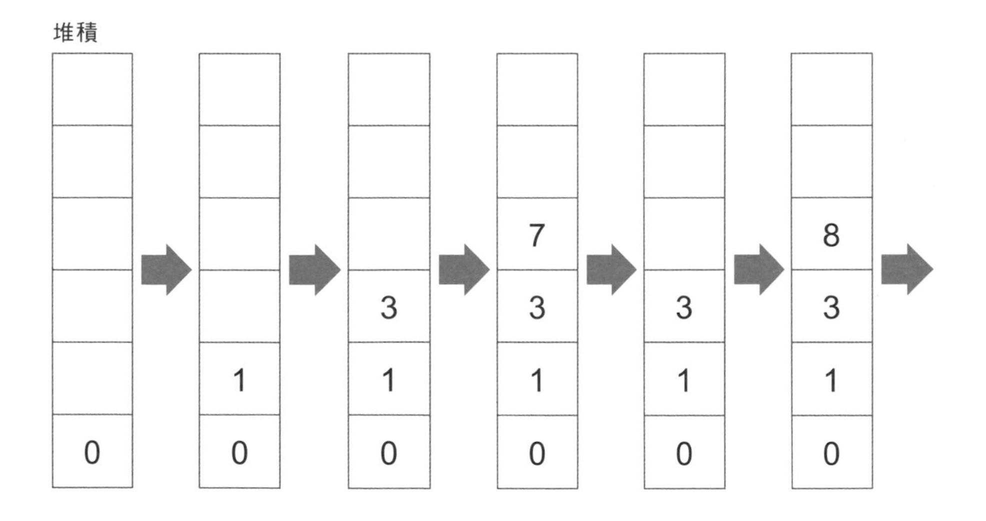


## Point

- 沿著樹的某個方向儘量往前搜尋，直到無法繼續前進時折返並再次搜尋的方式，稱為深度優先搜尋
- 通常是以堆積的資料結構來實現深度優先搜尋

# 深入層級的搜尋方式

## 用函數呼叫函數

若是從程式上實作深度優先搜尋時，不管從任何一個節點開始都是相同的過程。換句話説，如果建立一個從節點走訪到子節點的函數，那麼從該子節點搜尋到下個子節點時，也可以使用相同的函數。

某一函式在函式本體內呼叫自己的程式寫作，稱為**遞迴**，以遞迴的方式呼叫函數稱為**遞迴呼叫**。舉個大家熟悉的案例，形容遞迴會像圖 4-13 的電視機畫面。先用攝影機拍攝電視，而被拍攝的電視會出現在攝影機的畫面中，經過實際測試過後，電視會永無止盡地顯示拍攝電視的畫面。

雖然遞迴的**程式簡單實作，但如果沒有指定終止條件，它就會永無止盡地執行下去**。因此使用遞迴時切記要設定指定終止的條件。

## 修剪可提升處理效率

如果説樹狀結構是所有模式的表示法，則可以利用遞迴走訪找出所有的內容。但您實際上可能無法真的檢查所有模式。

例如，以象棋和圍棋之類的對局遊戲來説，存在的可能局面非常龐大，可想而知要查出全部的模式是很不切實際的，因此會設定一定的基準作為終止搜尋的方法（圖 4-14）。如果是看三步後的走法，至少能夠決定要搜尋的深度，也可以確定自己是輸家後終止之後任何的搜尋。這種修剪已知結果的搜尋方法稱為**剪枝法**。

在樹狀圖的搜尋當中，**搜尋越深入其搜尋量會爆增，所以越早開始進行修剪整體效益越大**。

圖 4-13 遞迴的概念

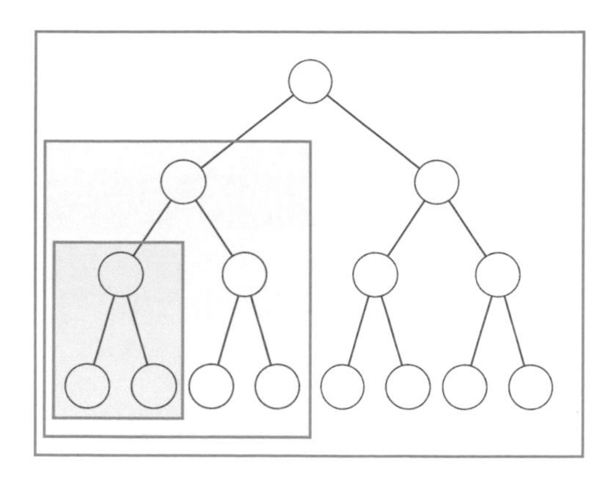

圖 4-14 剪枝法

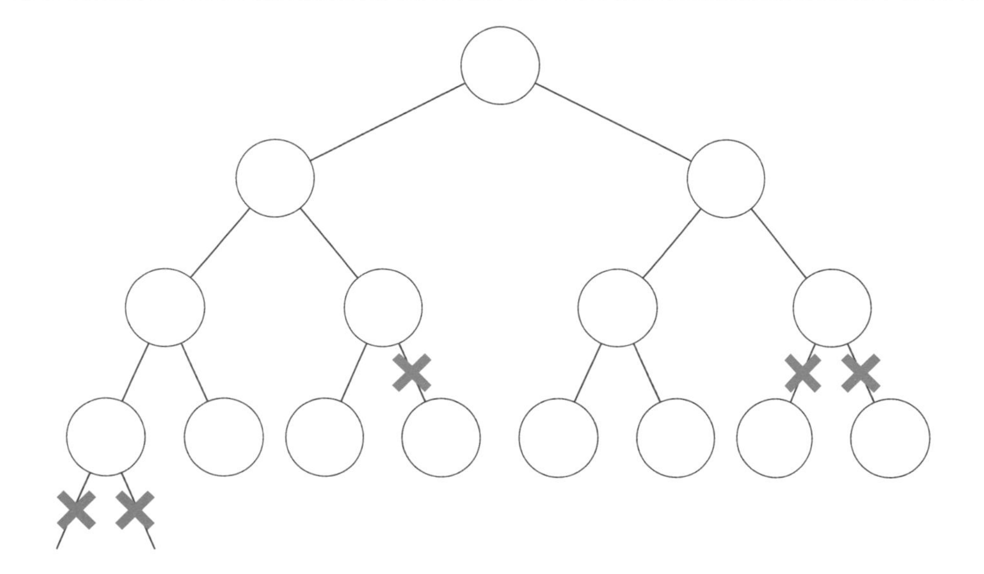

## Point

- 某一函式在函式本體內呼叫自己的程式寫作稱為遞迴
- 使用遞迴時需要設定指定終止條件
- 樹狀結構當中修剪已知結果的搜尋方法稱為剪枝法，越早開始進行修剪整體效益越大

# 搜尋樹狀結構的順序差異

## 前序走訪和後序走訪

想利用深度優先搜尋樹狀結構時，如果每次都讀取到相同節點會效率不佳，**希望每個節點只要讀取 1 次就好，但如果有遺漏就麻煩了。**

因此照樹狀圖依序走訪的順序有三種狀態。第 1 個是**前序走訪**（前序遍歷），它會先走訪根節點，然後是各個子節點（圖 4-15 左）。

另一方面，與前序走訪的順序相反，先走訪各個子節點之後，接著走訪根節點的方式稱為**後序走訪**（後序遍歷）（圖 4-15 右）。

## 只適合二元樹的中序走訪

先走訪左子節點，走訪根節點，再走訪右子節點的方法稱為**中序走訪**（中序遍歷）（圖 4-16）。此種方法無法判別有三個以上子節點的走訪方式，因此只適用於二元樹的走訪。

## 波蘭表示法和逆波蘭表示法

如要舉例比較上述三者的話，就會提到數學加減乘除的符號。我們以圖 4-17 做為計算樹形結構的舉例範本。

我們平常在計算數字時會用到的四則運算符號就是一種中序走訪的方式。按前序走訪的稱為**波蘭表示法**，後序走訪的稱為**逆波蘭表示法**。

使用波蘭表示法和逆波蘭表示法不需要使用括號來標識運算子的優先級，因此經常被用於實現像計算機這類的程式設計。

## 圖 4-15 前序走訪和後序走訪

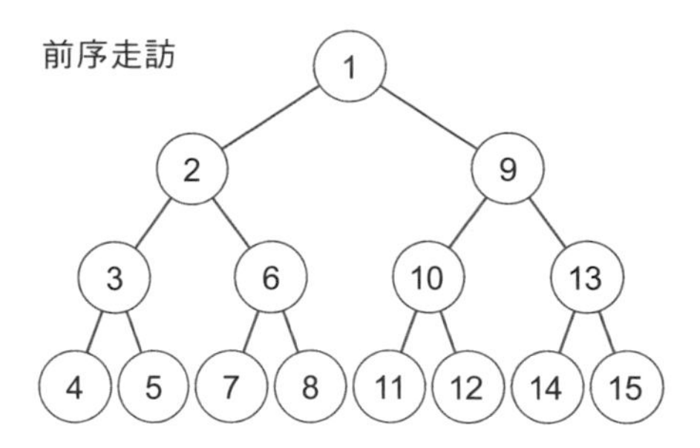


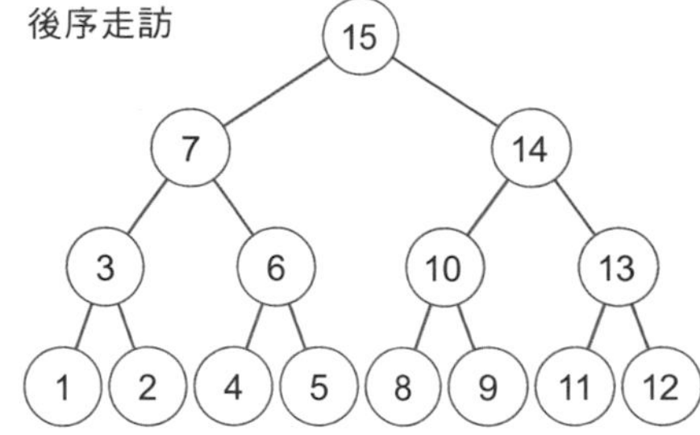


## 圖 4-16 中序走訪

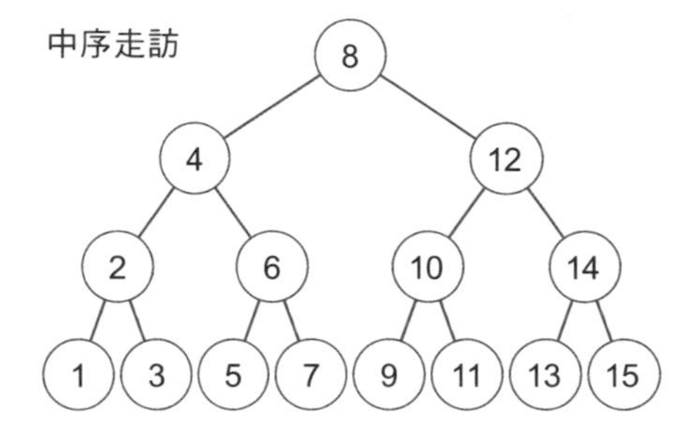


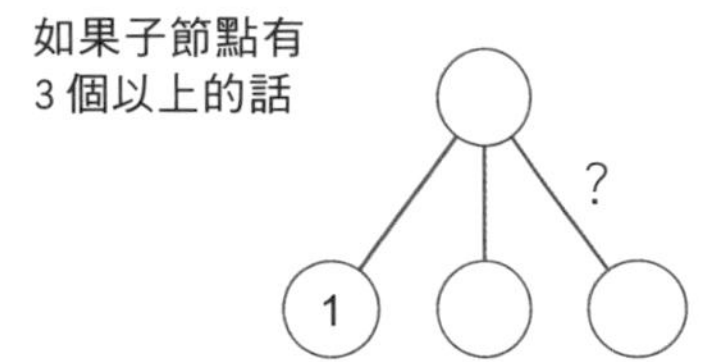


## 圖 4-17 波蘭表示法和逆波蘭表示法

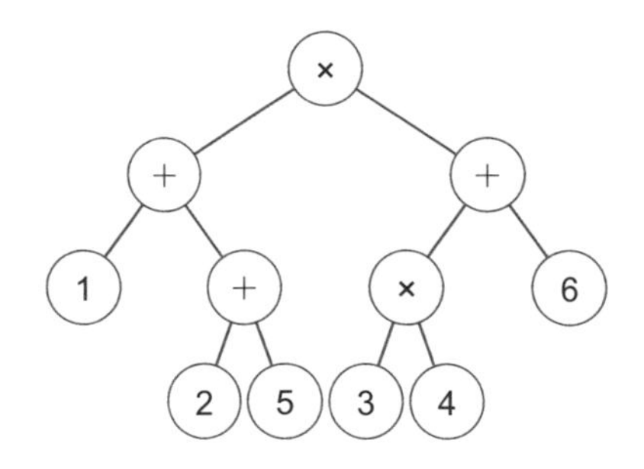


[一般的四則運算]

(1+(2+5))×((3×4)+6)

[波蘭表示法]

× + 1 + 2 5 + × 3 4 6

[逆波蘭表示法]

1 2 5 + + 3 4 × 6 + ×

## Point

- 在樹狀結構中走訪根節點之後，再走訪各子節點的方式是前序走訪。走訪各子節點之後，再走訪根節點的方式是後序走訪
- 先走訪左子節點後，走訪根節點，然後走訪右子節點的方式是中序走訪

# 進行反向的搜尋方式

## 分頭進行搜尋提升效率

線性搜尋、二分搜尋、廣度優先搜尋和深度優先搜尋都是單向的搜尋方式。如果將這些與反向的搜尋方式結合的話，想必就能夠更有效地進行搜尋。

例如，試想要解答一個類似走迷宮的題目。這個時候不單只有從起點到終點搜尋目標的方式，從終點到起點的搜尋方式也會得到相同結果。

然而，單一的正向或反向的搜尋法其執行時間不會有多大改變。即使會因為搜尋的路順而產生些差異，但是執行的搜尋時間大致都會相同（圖 4-18）。

在此要介紹的是可以從起點進行搜尋目標的同時，也可以從終點開始進行搜尋的雙向搜尋。雖然號稱是同時，但實際上它們是分頭進行搜尋的。**雙方分頭進行廣度優先搜尋，求解兩條路徑之間的最短路徑**（圖 4-19）。

## 分析查詢的路徑數量

如圖 4-19 右側所示，雙向搜尋的路徑數量會比單向搜尋的路徑還少。假設每個分支有 2 種狀態的選項，從起點到終點之間存在著 12 個分支的話，從起點開始查詢的路徑是 $2^{12}$=4096 種狀態。

如果是用雙向搜尋，若我們利用雙向搜尋，分別從起點和終點開始查詢 6 個分支是 $2^{6}$=64 種狀態，再者它是同時進行兩個方向的搜尋，因此是 64×2=128 種狀態。也就是說，可以看出查詢的路徑數量大約變成是 1/30。分支的數量越多，造成的差異性也會越大。

雖然要判別兩者的相交處讓人覺得棘手，但執行時間上具有壓倒性的優勢。

圖 4-18　走迷宮

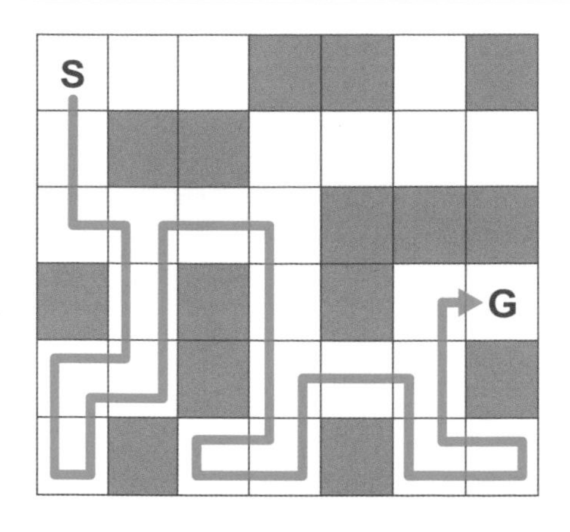


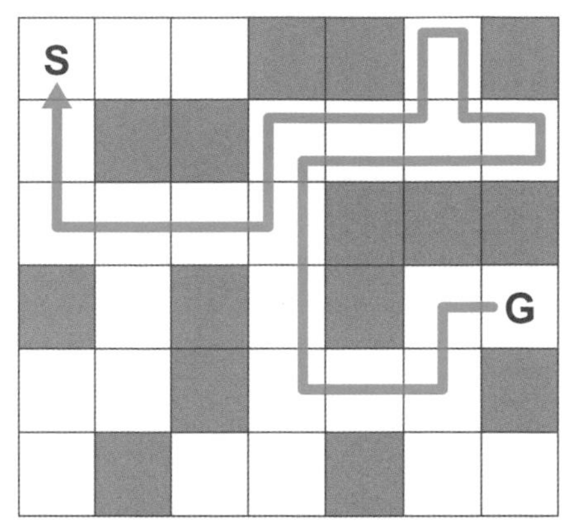


圖 4-19　雙向搜尋

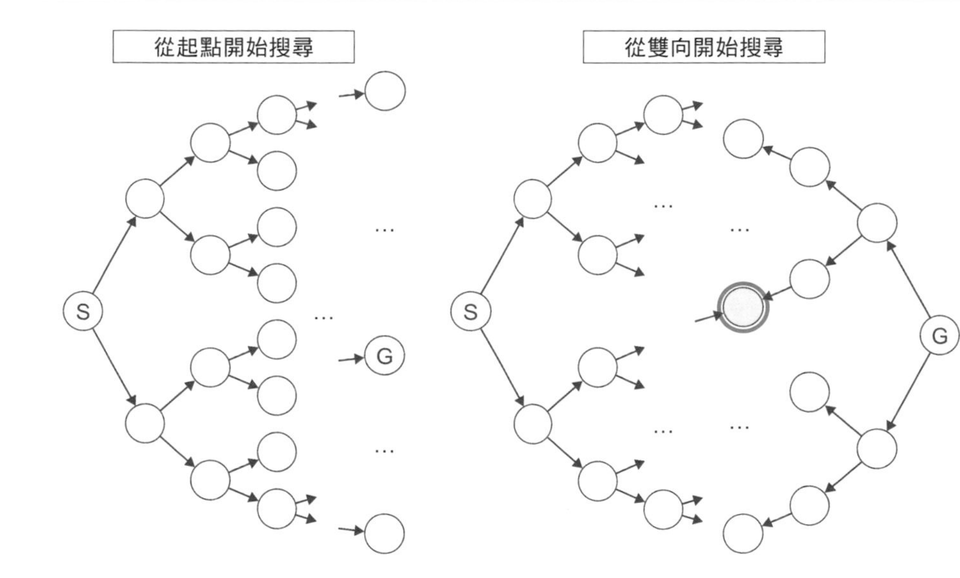


## Point

- 從起點進行搜尋目標的同時（分頭）進行搜尋的方法有雙向搜尋
- 使用雙向搜尋的話，兩者在中間相交時即終止搜尋，會比單向搜尋的執行效率更快

# 改變起點和終點的搜尋方式

## 查找區間內符合條件的資料

春天一到就會陸續發表櫻花的花期，並以「累計最高氣溫超過 600 度」和「累計平均氣溫超過 400 度」當作預測的參考。面對這種情況，只要簡單加總 2 月 1 日之後的溫度就好了，但是如果問題是，「某年累計最高溫度超過 600 度的天數連續最長是幾天？」該如何回答呢？

如果不知道開始日和結束日，首先能想到的是將開始日設定成 1 月 1 日，一直加總直到超過 600 度為止，接著再將開始日設為 1 月 2 日，以此類推（圖 4-20），但這樣的效率不佳。

因此，有固定開始日和移動結束日的方法，當超過 600 度時將開始日移動到低於 600 度。然後，再移動結束日到超過 600 度為止（圖 4-21）。

這是採用推進左端點則總數減少，推進右端點則總數增加的特徵，因此**只適合求解滿足條件的最小區間或是最大區間，或者是累計個數時使用**。不斷推進區間的左右端點進行搜尋方式就像是「毛毛蟲」爬行的過程，因此被稱為**尺取法**。

## 分析複雜度

如果不使用尺取法的情況下，既要移動開始位置，也要跟著移動結束位置。也就是說會需要雙重循環，其分析複雜度是 $O(n^2)$。

而使用尺取法的話，會同時單一依序往右移動開始和結束的位置。兩者推進的區間長度不會相同，但都是往同一方向移動的關係複雜度會是 $O(n)$。

### 圖 4-20 區間的加總

| 日期 | 1/1 | 1/2 | 1/3 | 1/4 | 1/5 | 1/6 | 1/7 | 1/8 | 1/9 |
|---|---|---|---|---|---|---|---|---|---|
| 溫度 | 12℃ | 14℃ | 13℃ | 12℃ | 15℃ | 13℃ | 14℃ | 17℃ | 16℃ |

確認有超過600度為止

確認有超過600度為止

確認有超過600度為止

### 圖 4-21 尺取法

| 日期 | 1/1 | 1/2 | 1/3 | 1/4 | 1/5 | 1/6 | 1/7 | 1/8 | 1/9 |
|---|---|---|---|---|---|---|---|---|---|
| 溫度 | 12℃ | 14℃ | 13℃ | 12℃ | 15℃ | 13℃ | 14℃ | 17℃ | 16℃ |

確認有超過600度為止

減去左邊的一天

加上右邊的一天，直到超過600度為止

減去左邊的一天

加上右邊的一天，直到超過600度為止

## Point

- 不斷推進區間的左右端點進行搜尋的方式是尺取法
- 必須是連續的區間才能使用尺取法
- 使用尺取法比用簡單方法還能更有效率地求出滿足條件的目標

# » 以邊長求解最短路徑的搜尋方式

## 求出最有效率路線

交通換乘指南和汽車導航已經是我們生活中不可或缺的一部分，要實現這些功能用到的是更高階的演算法。例如，從多條有可能的路徑當中找出最有效率（低成本）的路徑問題稱為**最短路徑問題**（圖 4-22）。

在查詢路徑時，經常會使用將路徑簡化成圓圈與和直線的表示法稱為**圖**（Graph）。它與樹狀圖相同，將各個圓圈稱為頂點或節點（node），直線稱為邊（edge）或是分支。想要查詢這些所有路徑的話，若有 $n$ 個節點的情況下，第 1 個節點的選擇方式有 $n$ 種狀態，第 2 個節點是 $n$-1 種狀態，要查詢全部的節點部分總共會是 $n\times(n-1)\times\cdots\times2\times1=n!$，若 $n$ 的數量增加時，就會變成很巨大的數目。因此，我們需要更有效率的方法來找出最短路徑。

## 用邊的權重求出最短路徑的方法

要求出最短路徑時用邊的權重（成本）的方法有**貝爾曼 - 福特演算法**。先將從起點到各個節點的成本設定成是初始值，起點的初始值為 0，其餘各點的權重初始值為無限大（圖 4-23）。視它的成本是從起點到節點的最短路徑長度的暫存值。選擇一邊長時，它兩端節點的成本，即較小節點的成本加上邊長成本的值，比另一個節點的成本還小的話，則更新較大節點的成本。如此一來會隨著計算逐漸縮小範圍。

對所有邊都重複進行此動作，或是從一開始就用此方式處理。直到所有節點都不再更新成本時則結束處理，並且在起點時求出所有節點的最小成本。它的優點是即使邊長為負值也可以處理。

圖 4-22 **最短路徑問題**

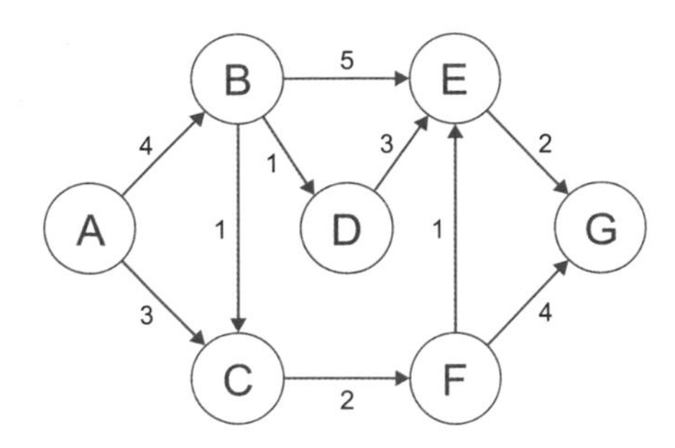


| 路徑 | 距離 |
|---|---|
| A → B → D → E → G | 10 |
| A → B → E → G | 11 |
| A → B → C → F → E → G | 10 |
| A → B → C → F → G | 11 |
| A → C → F → E → G | 8 |
| A → C → F → G | 9 |

圖 4-23 **貝爾曼 - 福特演算法**

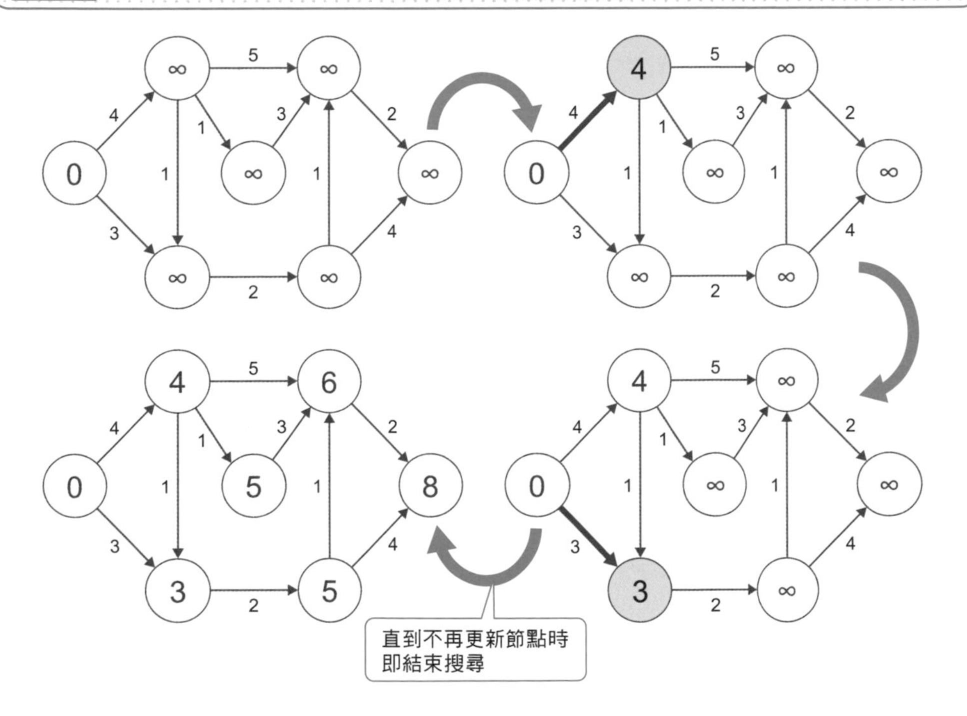


## Point

- 最短路徑問題是從類似地圖等有多條可能的路徑中，找出最有效率的路徑問題
- 在尋找最短路徑時，著重在於邊長權重的方法稱為貝爾曼 - 福特演算法
- 貝爾曼 - 福特演算法是可以處理邊長權重為負值的方法

# 以節點求解最短路徑的搜尋方式

## 快速求出最短路徑

剛才介紹用貝爾曼 - 福特演算法求得最短路徑的方法，另外還有可以幫助我們更快找出最短路徑的小技巧。貝爾曼 - 福特演算法主要是用邊長進行計算，著重於節點進行計算的方法有**戴克斯特拉演算法**。

它是**與起點直接相連的節點之間，反覆選擇由起點抵達之路徑最短的節點**，在此使用與貝爾曼 - 福特演算法相同的圖形說明。

將起點的成本配置為 0，尋找由起點抵達相鄰節點之間的最短路徑（圖 4-24），然後再往外調整其鄰居節點之由起點抵達的最短距離的路徑（圖 4-25）。

反覆進行此過程，從尚未尋找的節點依序選出其他距離最短之節點，然後標記最短路徑的節點，再從未記錄的節點中尋找最短路徑的節點。

結果會如圖 4-26 所示的最短路徑。可以知道這種情形的最短路徑是 8。

## 請注意權重！

戴克斯特拉演算法僅用於求出最短路徑，因此求出最短路徑後，即不再繼續搜尋是它的特徵。但是當邊的權重有負數時，可能會求出錯誤的路徑。上述的方法是搜尋尚未被標記的節點，這個時候可以使用優先佇列以便加快執行時間。請務必測試看看。

圖 4-24 戴克斯特拉演算法

| 成本\節點 | A | B | C | D | E | F | G |
|---|---|---|---|---|---|---|---|
| 0 | ○ | | | | | | |
| 1 | | | | | | | |
| 2 | | | | | | | |
| 3 | | | ○ | | | | |
| 4 | | ○ | | | | | |
| 5 | | | | | | | |
| … | | | | | | | |

圖 4-25 戴克斯特拉演算法的下一回搜尋

| 成本\節點 | A | B | C | D | E | F | G |
|---|---|---|---|---|---|---|---|
| 0 | ○ | | | | | | |
| 1 | | | | | | | |
| 2 | | | | | | | |
| 3 | | | ○ | | | | |
| 4 | | ○ | | | | | |
| 5 | | | | | | ○ | |
| 6 | | | | | | | |
| … | | | | | | | |

圖 4-26 戴克斯特拉演算法的完整搜尋

| 成本\節點 | A | B | C | D | E | F | G |
|---|---|---|---|---|---|---|---|
| 0 | ○ | | | | | | |
| 1 | | | | | | | |
| 2 | | | | | | | |
| 3 | | | ○ | | | | |
| 4 | | ○ | | | | | |
| 5 | | | ○ | ○ | | ○ | |
| 6 | | | | | ○ | | |
| 7 | | | | | | | |
| 8 | | | | | ○ | | ○ |
| 9 | | | | | ○ | | ○ |
| 10 | | | | | | | |
| 11 | | | | | | | |

**Point**

- 在求解最短路徑問題時，著重以節點為中心進行計算的方法是戴克斯特拉演算法

# 啟發式搜尋法

## 減少無謂的搜尋

由戴克斯特拉演算法延伸而來的是 **A***（Aster）演算法，它是**降低無謂的搜尋次數以提升求解效率的方法**。

例如圖 4-27 所示的配置方式，當要從 A 抵達 G 時，尋找從反向位置的 X 或 Y 開始的路徑顯然是沒有幫助的。因此，為了判定與目的地之間的距離，除了考量從起點到目的地的成本以外，還要評估從所在位置到目的地之觀測值。

作為觀測值用於坐標平面的情形時，通常使用**歐幾里得距離**和**曼哈頓距離**（圖 4-28）。歐幾里得距離是求連接兩點的直線距離的方法，而曼哈頓距離是利用坐標 x 軸和 y 軸的絕對值之和的方法。曼哈頓距離的任何路徑，兩點之間的距離都會是相同長度。

## 依據觀測值搜尋

從起點開始的實際成本和估計成本相加的結果，會排除尋找距離遠的路徑。在此假設抵達終點的觀測值如圖 4-29 所示。寫在節點右下角的（X/10 等於 10）是抵達終點的觀測值。

這個觀測值只是單純的預估而已，並不是正確的，但我們可以使用此估計值和成本，以與戴克斯特拉演算法相同的方式更新成本來找到最短距離。

此時，如果成本的預估值大於實際值的話，A* 可能會找不出最短路徑。另外，還需要注意此成本必須是固定的，如果成本有變就無法找到最佳解。

圖 4-27　無謂路徑的示意圖

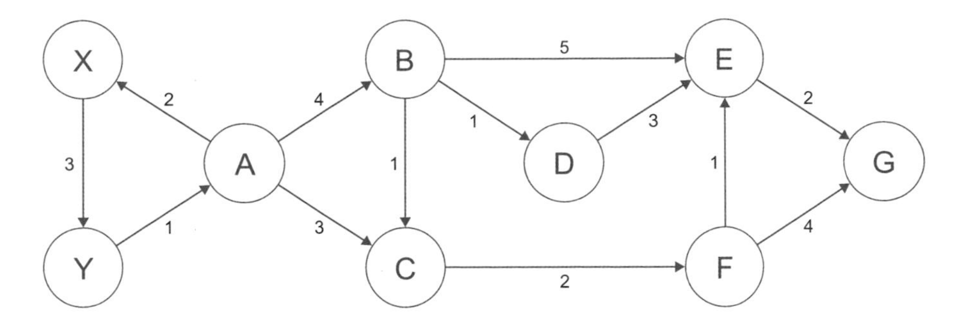


圖 4-28　歐幾里得距離和曼哈頓距離

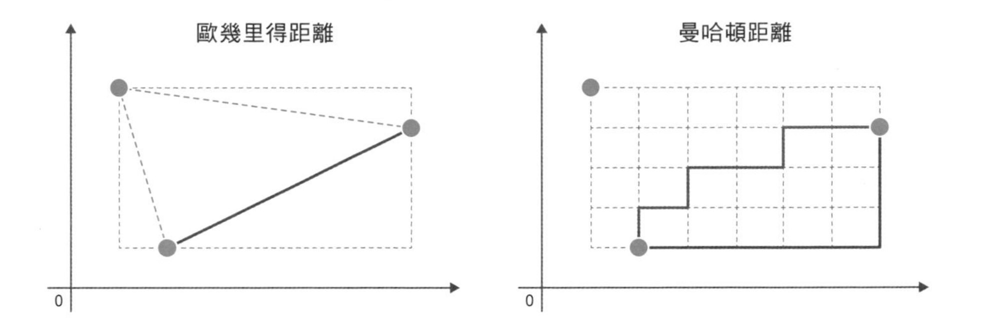


圖 4-29　路徑的預估函數

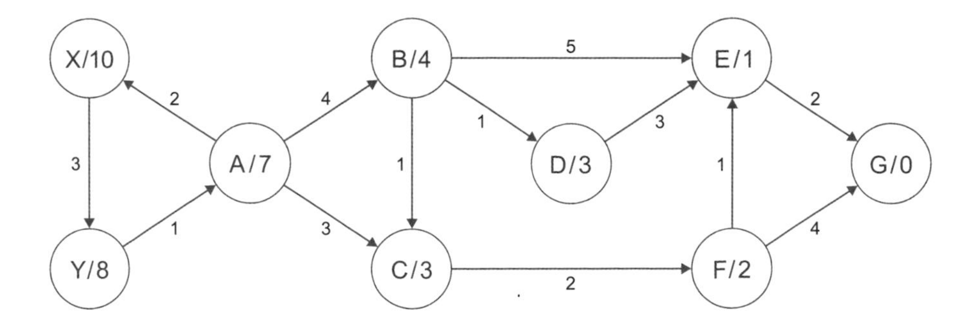


## Point

- 在最短路徑問題當中，減少搜尋無謂路徑的方法是 A* 演算法
- A* 演算法所使用的觀測值有曼哈頓距離等其他常見的評估函式

# » 求出最大利益的方法

## 電腦下棋的思維

在黑白棋、象棋和圍棋等對局遊戲中，需要考慮自己以及對手的下一步行動。如果想開發一台能贏得棋局的電腦，就必須懂得計算出各種棋步。

這時會用到的方法為極小化極大演算法。**它是假設對方會做出對自己最不利的選擇，進而選擇對自己最有利的做法**。例如，在某個局面有 4 種走法可以選擇。然後用圖 4-30 的樹狀圖來想像對方的走法，在最下方的是評估後的局面價值。局面價值越高代表對電腦越有利。

在此首先以圖 4-31 有顏色的部分來思考電腦的走法。此時電腦會選擇最有利的局面，從可以選擇的局面當中選擇價值最高的走法。接著人類會選擇的是對電腦最不利的走法。換句話說，會從圖 4-32 可以選擇的局面當中選擇局面價值最低的走法。

最後，電腦會在 4 種走法當中選擇最有利的、局面價值最高的一個。這就是以局面價值高和局面價值低，做為評估對自己最有利的選擇方式。

## 避免無謂搜尋的 Alpha beta 剪枝法

極小化極大演算法是評估所有走法，並選擇局面價值最高的方式，但實際上它還包含無謂的搜尋，因為沒有必要進一步搜尋小於自己的回合之中其局面價值最高的走法。同樣地，當局面價值大於對手回合中最小的局面價值時，即可結束搜尋，此種巧妙的方法稱為 **Alpha beta 剪枝法**（α β 剪枝法）。

圖 4-30　極小化極大演算法

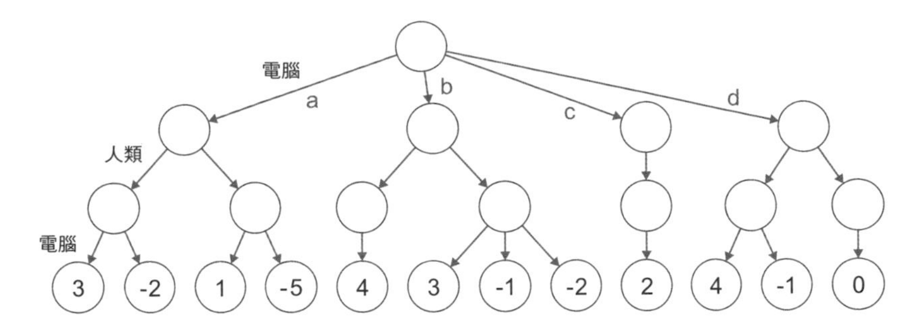


圖 4-31　電腦的想法

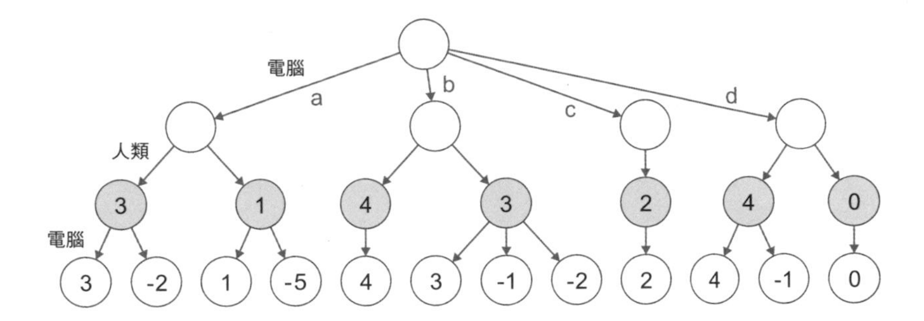


圖 4-32　人類的想法

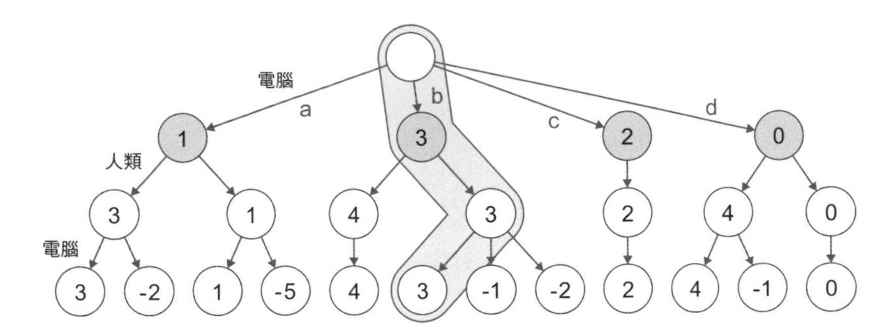


## Point

- 在對局遊戲中，假設對方會做出對自己最不利的選擇，進而選擇對自己最有利的方法是極小化極大演算法
- 極小化極大演算法的進階版是 Alpha beta 剪枝法

# 從文章中搜尋字串

## 暴力搜尋法

當你打開網頁或是 PDF 檔案等，如果想知道某個特定單字在文字中的位置時，可以使用該軟體提供的搜尋功能。要在文章中搜尋特定字串時，如果有像書籍的索引可供查詢的話，或許能幫助找到目標關鍵詞，但偏偏很多文章是沒有提供索引的。

而大家所熟悉的演算法應該會是從前面依序比對各個字元，直到字元匹配為止的方法吧。這個時候會將文字檔等內容稱為主字串，要查詢的字串稱為樣本。

例如，從 SHOEISHA SHOP 的主字串中，如果想尋找樣本 SHOP 一開始出現的位置點，會先比對開頭的「S」是否匹配，然後比對下一個「H」，依此類推右移逐字比對。如果不相匹配，將第一個字元往右移一位再從頭逐字比對。

使用這種方法，**如果匹配的過程中出現不匹配的情況時，則必須回到主字串原本的位置再從頭比對**。這是相當簡單的方法，稱為**暴力搜尋法**或**樸素演算法**，但效率不高（圖 4-33 ）。

## 不返回字串位置加快效率

**KMP 演算法**（Knuth-Morris-Pratt 演算法）不同於暴力搜尋法，是採一次移動一個字元的方式。在不匹配時，不返回主字串原本的位置進行下一個匹配，其名稱取自於三位發想者的姓名字首。

樣本所包含的各個字元，在遇到不匹配時，可以一口氣跳過與主字串不相同的字元。其搜尋方式如圖 4-34 的步驟所示。它的效率比暴力搜尋法要快速，但有相關文章指出在功能方面沒有太大的落差。

圖 4-33 暴力搜尋法

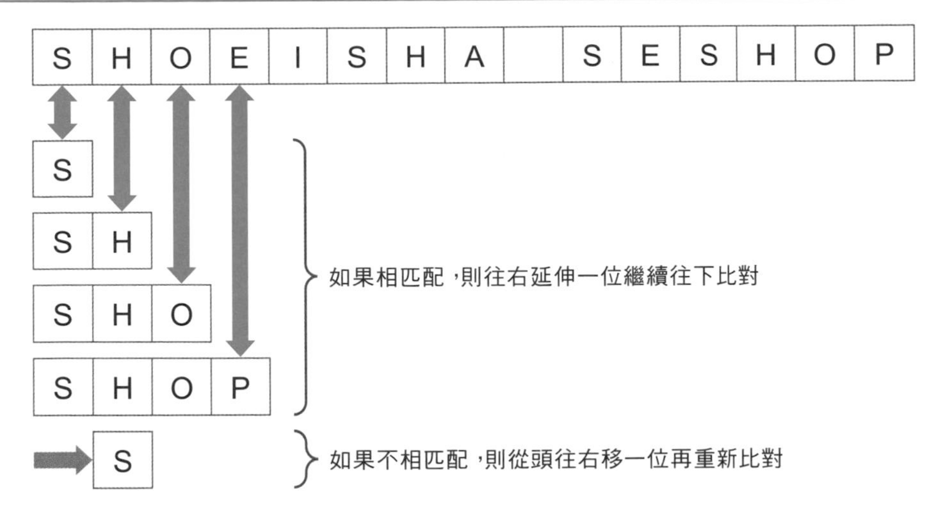


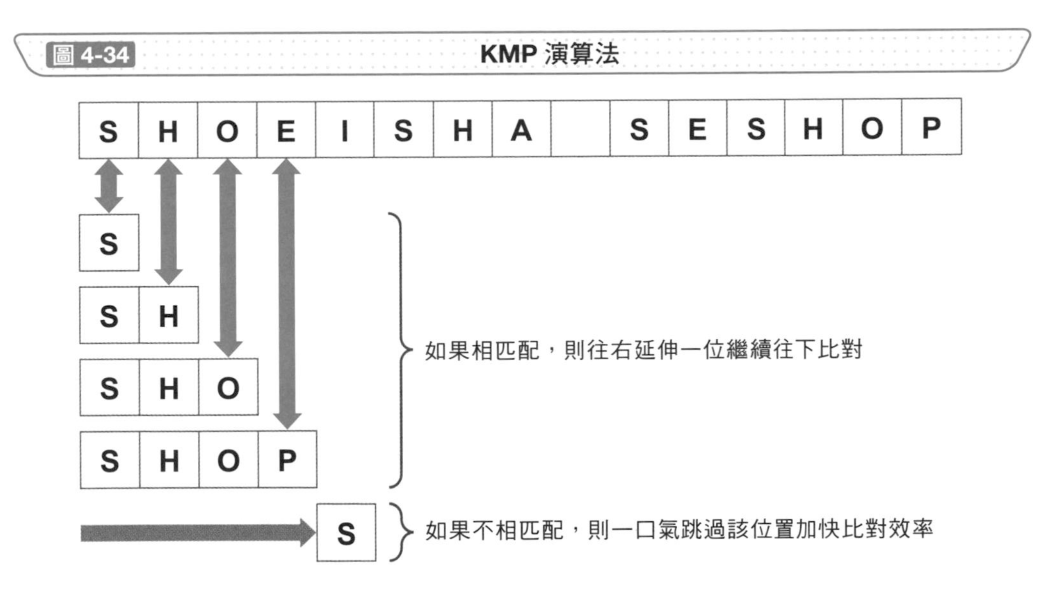
圖 4-34 KMP 演算法


## Point

- 在搜尋字串時，單純從頭依序比較的方法是暴力搜尋法
- 進行字串搜尋出現不匹配的情況時，跳過該位置繼續搜尋的方法是 KMP 演算法

# 搜尋字串的小技巧

## 從後面開始比較字串

暴力搜尋法和 KMP 演算法是從前往後進行比對的搜尋字串方式，而 **BM 演算法**（Boyer-Moore 演算法）是從後往前進行比對的搜尋方法。與 KMP 演算法相同，其名稱由來也是取自於發想者的姓名字首。

**重點在於它是「從後方開始比對」，若有不匹配的情況下，其位移的範圍可能會很大**。也就是說，如果是字元數量多的樣本，會因為不需要確認前半部分的主字串，而想辦法一口氣跳過不匹配字元的比對。此時，需要從不匹配的字元中計算要後移的位數，因此會預先檢查樣本中出現過的壞字元並建立「位移表」。

例如像圖 4-35 的方式計算出要後移的位數，如果與主字串比較過的字元不存在樣本當中的話，就可以一次跳過設定好的位數了。

## 分析複雜度

在樣本的字元數是 $m$，主字串的字元數 $n$ 的情況下，分別計算字串搜尋算法的複雜度。舉個例子，暴力搜尋法是逐字比對、遇不匹配時返回，它的複雜度為 $O(m\,n)$。

KMP 演算法是即使有遇不匹配也不返回，所以複雜度是 $O(n)$。建立位移表要 $O(m)$，所以總體的複雜度是 $O(m+n)$，因此可以證明它是比暴力搜尋法更有效的演算法。但現實中主字串的內容和樣本相似的情況非常少，在某些情況下，與其花時間實作更複雜的演算法還不如使用暴力搜尋法比較快。

BM 演算法通常都是位移樣本的字元數 $m$，所以是 $O(n\,/\,m)$。最少只要找出一個壞字元，比較最壞的情況其複雜度是 $O(n)$，建立位移表是 $O(m)$，總體的複雜度是 $O(m+n)$，實際上的執行效率還是比較快（圖 4-36）。

圖 4-35 **Boyer-Moore 演算法**

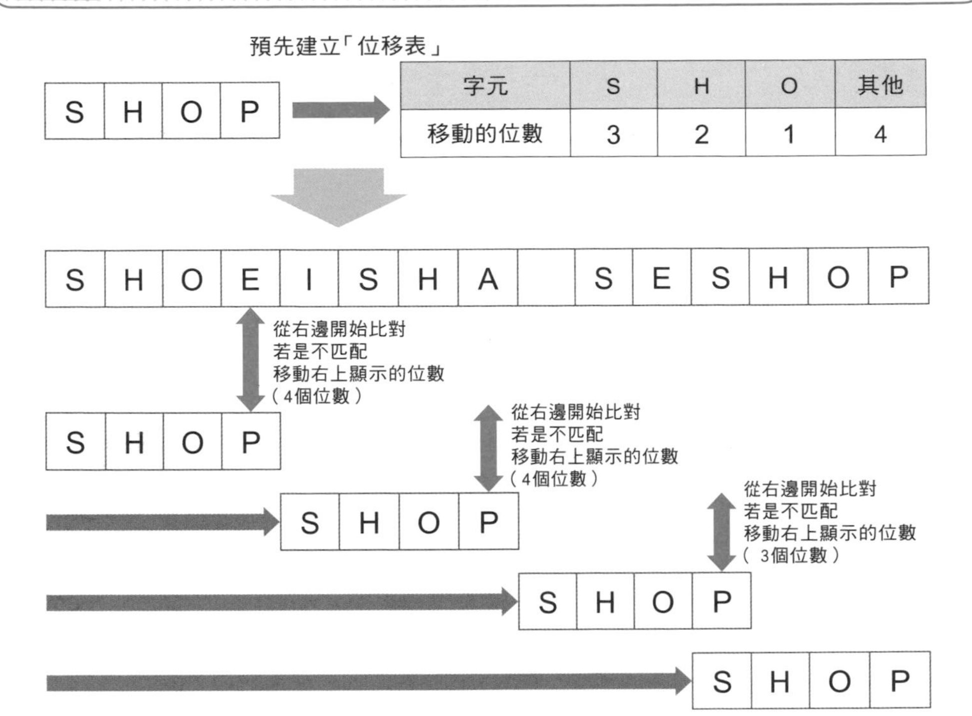


圖 4-36 **處理時間的比較（作者的作業環境中所執行的結果）**

| 使用的演算法 | 大約1MB的主字串任意搜尋10個字元10次 | 大約1MB的主字串任意搜尋50個字元10次 |
|---|---|---|
| 暴力搜尋法 | 3.20秒 | 3.15秒 |
| KMP演算法 | 2.58秒 | 2.51秒 |
| BM演算法 | 0.67秒 | 0.25秒 |

## Point

- 與暴力搜尋法和 KMP 演算法的搜尋字串的方式不同，BM 演算法是從後往前的搜尋方式
- BM 演算法可以大幅度的跳過不匹配字元的比對，所以比暴力搜尋法和 KMP 演算法的執行速度更快

# 》搜尋符合特定模式的字串

## 規則表達各種字串

目前為止介紹的都是在主字串當中搜尋特定字串的搜尋方法，但現實中，有時你會想搜尋其他相似的字串、或是檢查它們是否符合格式。

例如，想檢查「macOS」、「MacOS」、「 mac OS」和「Mac OS」四個樣本是否出現過時，**會希望可以用一次性的搜尋來取代逐一檢查各樣本，以方便作業**。

這個時候你需要的是使用正規表達式，如果用「[mM]ac\s?OS”」的標記來進行搜尋的話，就可以找出上述的所有樣本了。

此外，台灣郵遞區號的格式是「3+3 郵遞區號」，前 3 碼「行政區編碼」加上後 3 碼「投遞區段碼」的組合。如果想檢查給定字串是否符合此格式，則標記應該會是「\d{3}-\d{3}」。

正規表達式使用的是圖 4-37 所示的特殊字符，也被稱為元字符。

## 狀態轉移圖的模式

基本上在程式語言中使用正規表達式時，基本上您可以直接使用各語言所內建的標準函式庫，但如果想更進一步瞭解內部運作的過程，透過正規表達式樣本的撰寫方式便能夠略知一二。

但由於本書篇幅有限，無法講解完正規表達式複雜的作業方式，在此僅介紹狀態轉移圖的模式，例如「a*b+c?d」的正規表達式可以表示為圖 4-38 所示的狀態轉移圖。

這樣的話，就會依據輸入的內容使狀態改變，並檢查是否匹配樣本。如果還想了解更多這方面的資訊，請務必閱讀相關專業書籍。

圖 4-37 元字符的介紹

| 元字符 | 說明 | 元字符 | 說明 |
|---|---|---|---|
| . | 任意字元 | ¥s | 各種空白符號 |
| ^ | 開頭 | ¥d | 數字 |
| $ | 結束 | ¥w | 數字，包括底線 |
| ¥ n | 換行 | ¥t | 定位字元 |
| * | 字元或字串出現任意次數 | | |
| + | 字元或字串至少出現1次 | | |
| ? | 字元或字串出現 0或1次 | | |
| {num} | 指定字元或字串重複出現num的次數（num為數字） | | |
| {min,max} | 指定字元或字串連續出現min次到max次（min、max為數字） | | |

圖 4-38 狀態轉移圖

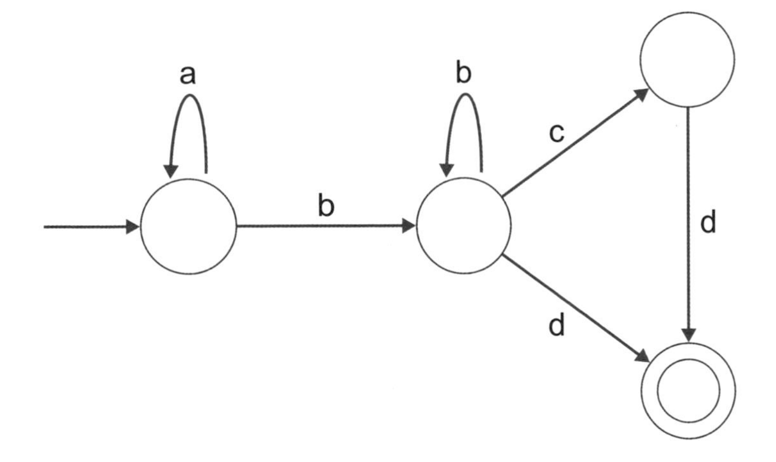


## Point

- 使用正規表達式 1 次就能夠搜尋出符合指定條件的字串
- 除了利用各程式語言所內建的函式庫，檢查正規表達式的方式以外，另外還有繪製狀態轉移圖的方法

# 試試看

## 我們熟悉的搜尋方法有哪些？

想在茫茫資料當中找出需要的資料時，許多人可能會想到像 Google 這類的搜尋引擎。存在網路上的資料量是非常龐大的，要按照用戶的需求依序讀取資料的技術極其複雜。

舉一個你我都很熟悉的例子，路徑搜尋也是屬於「搜尋」的演算法之中一項重要技術。考慮到所需的時間、費用和步行距離等條件，必須從大量的可能路徑中找出對我們最有效率的選項。

注音輸入法是台灣地區的用戶最為熟悉的中文輸入法。我們可以從鍵盤上輸入注音符號，並將其轉換成中文拼字以外，近來主要針對智慧型手機，讓用戶只要輸入注音字首，就會自動根據語意推薦符合的詞彙。其背後暗藏著一個大字典，可以預測語意搜尋需要的單字，並顯示成用戶想要的轉換結果。

還有在其他什麼地方有使用到搜尋呢？請試著找找看。

| 搜尋的場景 | 搜尋的方法 | 使用目的（預計） |
|---|---|---|
| 例）修理自行車的爆胎 | 將內胎放入水中 | 檢查所有破洞的地方 |
| | | |
| | | |
| | | |

第 5 章

# 使用在機器學習上的演算法

## ～實現AI的計算方式～

# » 從資料進行分類和預測

## 與一般軟體的差異

我們大部分使用的軟體都是事前依照規範和規則所構建而成，其規範的內容是由人類構想、並參考既有的業務和重要條件之下制定的。

在已經建構完全的規範和規則下，按照一般的軟體開發方式是不會有問題的，但如果試圖想傳達人類知識，就現實面來說是很困難的。例如，很難將醫生用於診斷疾病時的知識化為白紙黑字，並實現於軟體之中。

因此，**機器學習**是**基於過往的資料和經驗中自動學習**的方法（圖 5-1）。它的概念是利用大量的歷史資料訓練電腦能夠自動學習，其特徵是由**學習和預測（推測）兩個階段**所組成。

## 需要機器學習的場合

並不是所有的機器學習都適用於任何情況，它的專業領域有限，主要用於分類和迴歸（圖 5-2）。

所謂分類是將給定的資料分成幾組。例如，從給定的動物照片，可以分為「狗的照片」和「貓的照片」；或者是將手寫數字的圖像分成相同的數字。

迴歸是指從給定資料中求出某些數值的分析。例如，透過風向和氣壓等指數預測降水機率，從氣溫和天氣等資料預測當天的銷售量，類似這樣的實務應用。

資料間夾帶的雜訊往往會使模型存在著一些偏差，導致訓練結果不穩定，這個時候往往用假設資料有夾帶雜訊的概率來判斷，也稱為**統計式機器學習**。機器學習是從給定的資料或是特徵，分類為接下來要介紹的「監督式學習」、「非監督式學習」和「強化學習」。

## 圖 5-1 一般開發系統與機器學習的差別

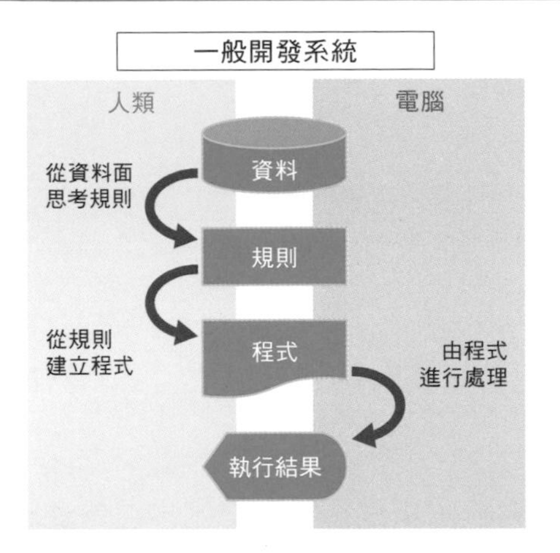


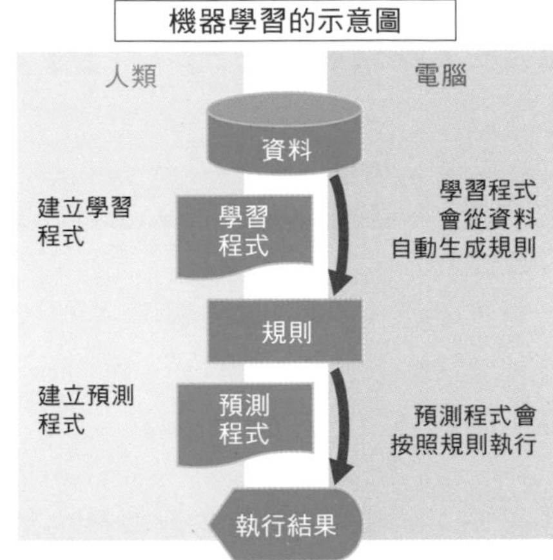


## 圖 5-2 分類與迴歸

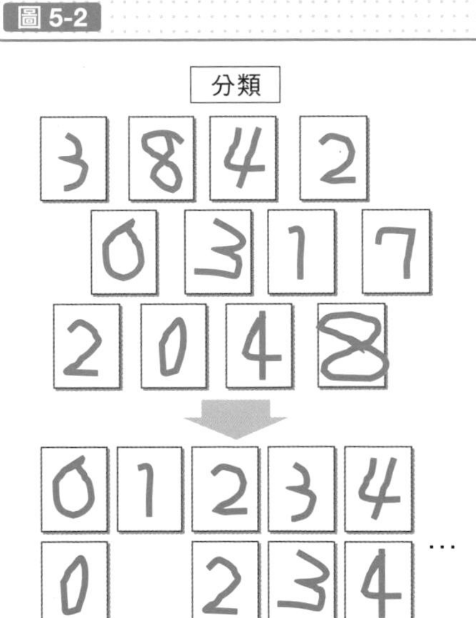


迴歸

| 氣溫(℃) | 濕度(%) | 日照時間(h) | 電力使用量(kwh) |
|---|---|---|---|
| 21 | 61 | 8 | 20.3 |
| 25 | 70 | 6.5 | 24.2 |
| 23 | 59 | 7.5 | 23.8 |
| 28 | 72 | 7 | 26.9 |
| 30 | 68 | 5 | 19.7 |
| 26 | 80 | 4.5 | 18.1 |
| 24 | 55 | 6 | 22.5 |

| 氣　(℃) | 濕度(%) | 日照時間(h) | 電力使用量(kwh) |
|---|---|---|---|
| 26 | 58 | 5.5 | ? |
| 20 | 80 | 7.5 | ? |

### Point

- 藉由資料訓練電腦自主學習規則的方式稱為機器學習
- 分類與迴歸是機器學習擅長的領域

# 有正確解答的學習方式

## 接近更正確的結果

用於訓練的給定資料不單只有輸入的內容，還有用預期輸出的答案（標籤資料），不斷調整與標籤資料的誤差以獲得更接近標籤資料的學習方式，稱為**監督式學習**。

它的學習方式是**最初的給定資料是由輸入和輸出組成，電腦會基於這份資料進行學習，之後接收到未知的輸入資料時，便會輸出對應的預測結果**。

最先接收的資料稱為訓練資料（學習資料），之後接收的資料稱為驗證資料（測試資料），會學習訓練資料之中的特徵並透過驗證資料來檢驗其正確度。一般來說會把手上的資料分為兩組，一組用於訓練，另一組用於測試。

其分組的比例並無一定規則，有將訓練資料和驗證資料分成 5:5 或是 7:3、8:2 等方式，每次執行時還可以交換訓練資料和驗證資料進行交叉驗證（圖 5-3）。

## 由訓練資料建構的模型

作為確認學習效能衡量指標，經常使用「準確率」表示正確分類的筆數佔整體樣本的比例。但是如果原始資料本身存在偏差，單看準確率無法判斷是否分類正確。

例如給定資料的 100 筆當中，A 是 95 筆，B 是 5 筆，即便不加思索全部預測是 A 的話，準確率也有 95%，因此可以視情況使用圖 5-4 所示的精確率、召回率和 F 值。

**若是針對訓練資料進行優化會提升準確率，但可能會發生驗證資料的準確率無法提升的情況**。如圖 5-5 左上角所示，訓練資料造成模型優化過度的情況稱為**過擬合**。過擬合經常發生於模型的結構複雜度超過訓練資料總量的時候。

### 圖 5-3 交叉驗證

資料分成數份(以下是4份的內容)

| | | | | | |
|---|---|---|---|---|---|
| 第1次 | 訓練資料 | 訓練資料 | 訓練資料 | 驗證資料 | ➡評價 |
| 第2次 | 訓練資料 | 訓練資料 | 驗證資料 | 訓練資料 | ➡評價 |
| 第3次 | 訓練資料 | 驗證資料 | 訓練資料 | 訓練資料 | ➡評價 |
| 第4次 | 驗證資料 | 訓練資料 | 訓練資料 | 訓練資料 | ➡評價 |

### 圖 5-4 評估監督式學習的驗證指標的計算式

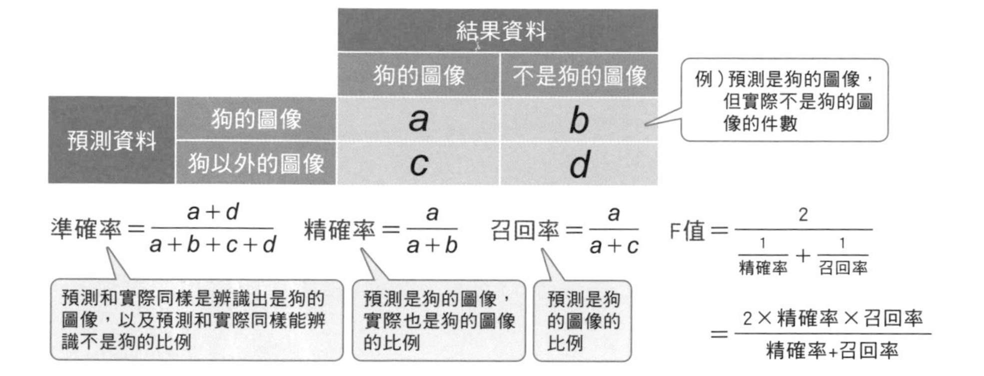


### 圖 5-5 過擬合

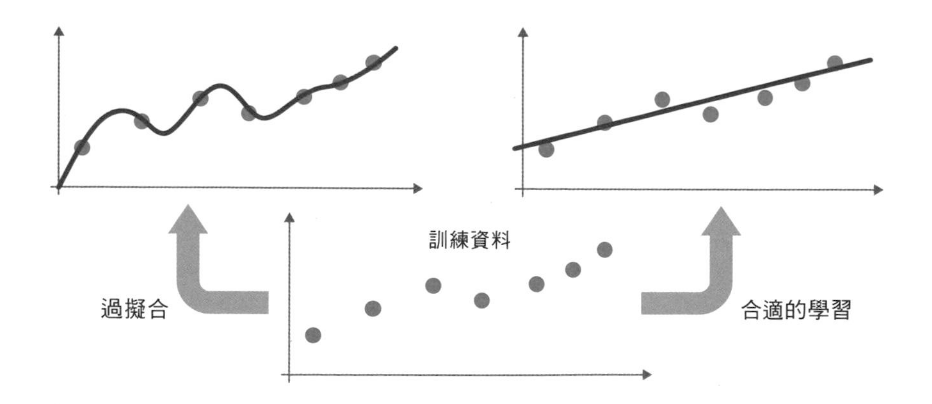


## Point

✎ 監督式學習是不斷調整標籤資料的誤差，以獲得更接近正確解答的學習方式

# 從資料抓出特徵並分類的學習方式

## 從資料找出共同點

在人類也沒有標準答案，或是難以得出標準答案的問題的環境中，只有依賴輸入資料的學習方式。**換言之，在沒有標籤資料（即正確輸出）的狀態當中找出資料的共通點，並學習特徵的方法**，稱為**非監督式學習**。

例如，對有相同特徵的資料進行分群，用較少的資料量表示與輸入資料相同的內容等手法。在不知道正確的分群方式下進行分群，但會將類似的資料分成一群是它的學習特色。

此外，用較少資料量的表示法可以減少資料量。好比像是壓縮檔案，方便我們把壓縮過的檔案復原成與原始檔案相同的容量。其中機器學習最具代表性的降維方法是使用自動編碼器（圖 5-6）。

## 分類相似的內容

從給定資料中聚集相似的內容並將其分類稱為**聚類分析**。比如像是分類垃圾郵件和一般郵件，按考試成績分發學生為理科和文科，依銷售額和銷售量區分暢銷品和其他商品，從大量圖像當中分辨出相同人物等分類的方式（圖 5-7）。

進行聚類分析需要有比對大量資料後能夠判斷「相似」的標準，因此會使用到的是稱為「相似度」的變數。此相似度有很多種計算的方法，但考量到資料是以平面表示，量測每個點之間的距離就是容易理解的指標。比如，可以使用 **4-13** 介紹的歐幾里得距離或曼哈頓距離方法。

圖 5-6 自動編碼器

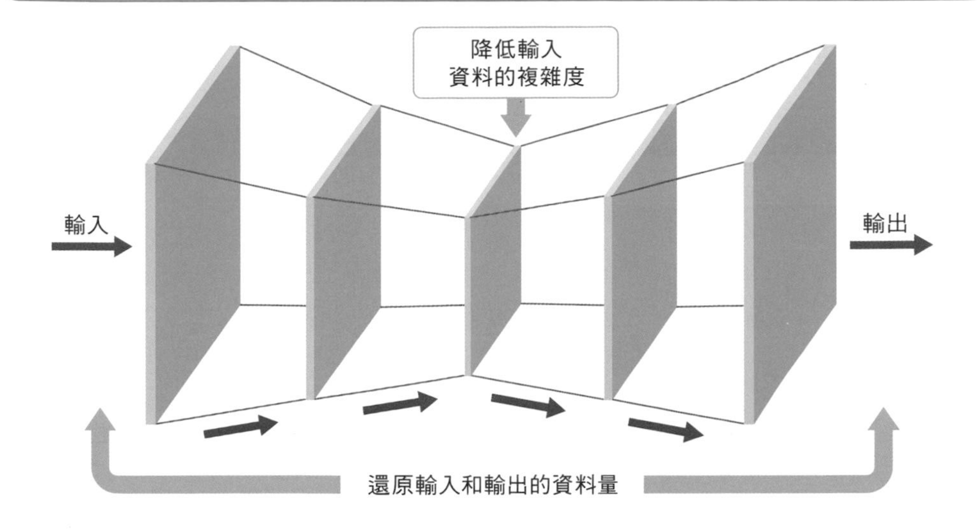


圖 5-7 聚類分析

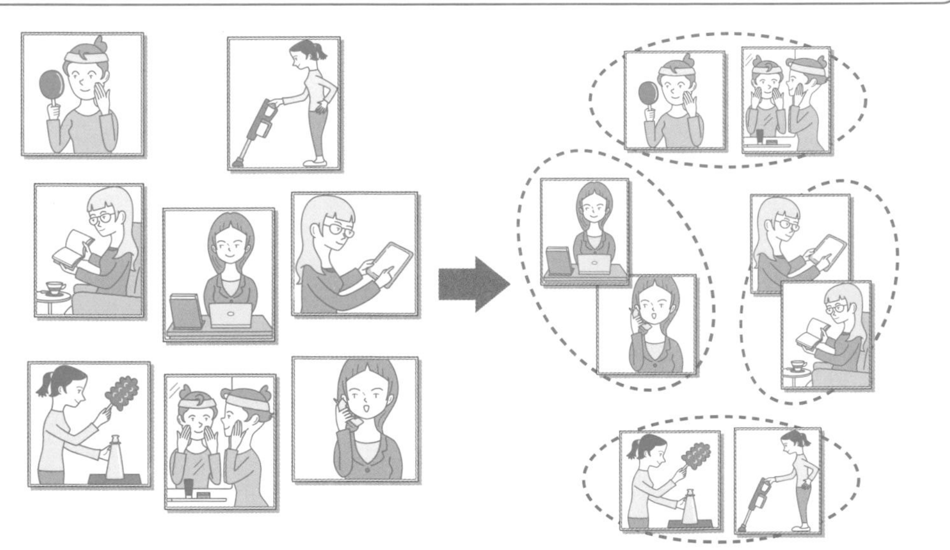

## Point

- 在沒有正確答案的情況下，從輸入資料擷取共同點學習其特徵的方法稱為非監督式學習
- 非監督式學習所使用的方法有自動編碼器和聚類分析

# 獎勵最佳行為的學習方式

## 慢慢訓練 AI 成長的方式

不仰賴於人類給的正確答案或錯誤答案（成功或失敗），電腦不斷從錯誤中學習，**並透過從好的結果獲得報酬，進而最大化報酬**的學習方式是**強化學習**。

例如像圍棋和象棋的情況，人類無法判定某個局面的正確答案。因此目前為止都是以專業人士的觀點和評比的數值，認為「應該是正確答案」的心態來學習。但換作是 2 台電腦彼此對局的話，它們會不停摸索某個局面的各種走法繼續比賽，直到確定結果是贏還是輸為止（圖 5-8）。

藉由結果是贏的話給予報酬、輸的話不給報酬的方式，訓練電腦選擇可獲得最多報酬的學習行為，將循序漸進地獲得更好的學習結果。

## 強化學習的機制

在強化學習當中會將上述的錯誤中學習稱為是**行動**，決定要學習的行動稱為**智能體**，而給予智能體報酬的部分稱為**環境**。因為採取的行動會讓獲得報酬不同，不僅要控管行動和報酬，還需要控管**狀態**。

如圖 5-9 所示，**環境會因智能體採取的行動而變化，而智能體會因為狀態和報酬改變採取的行動**。持續此過程循環作用下，能訓練智能體學習可以獲得更多報酬的行為。

存在多個智能體相互合作組成的系統稱為**多智能體系統**。用足球比賽舉例來說，情況會因為對手和隊友之間採取不同的行動而有變化，這種情況稱為多智能體強化學習（圖 5-10 ）。

圖 5-8 強化學習

勝利
勝利
勝利
勝利
勝利
…
報酬
報酬


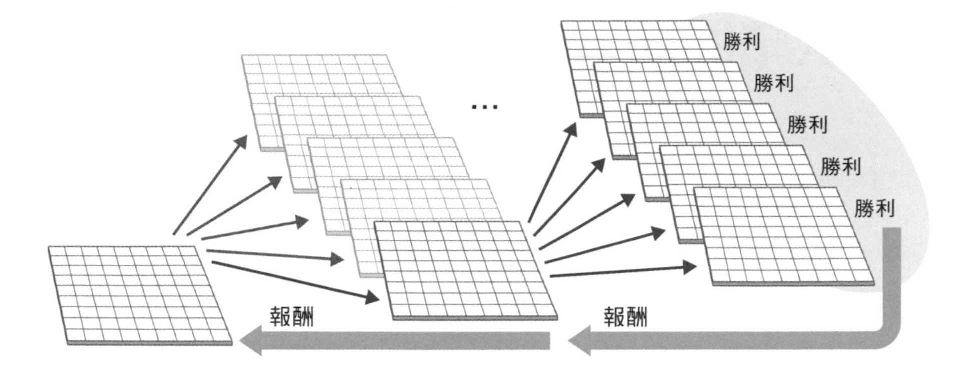

圖 5-9 強化學習的迴圈

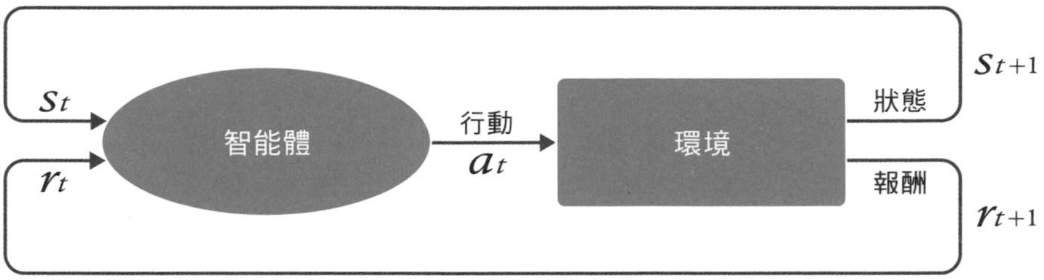

$s_t$
$r_t$
智能體
行動
$a_t$
環境
狀態
報酬
$s_{t+1}$
$r_{t+1}$


圖 5-10 多智能體系統

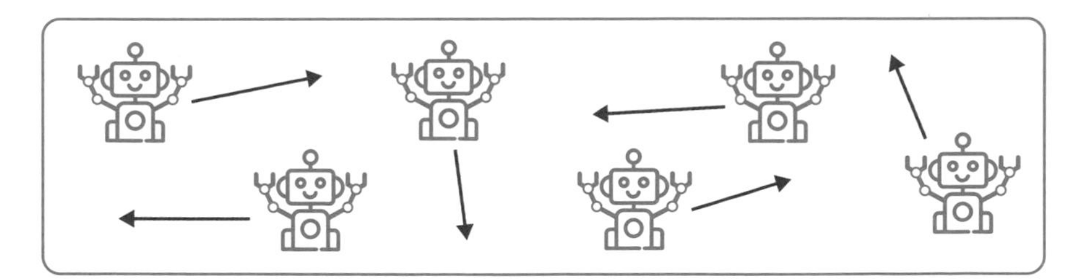

## Point

- 不斷從錯誤中學習，並透過從好的結果獲得報酬的學習方式是強化學習
- 強化學習中存在多個主體、並相互合作的方式是多智能體系統

# 以樹狀結構實現分類和迴歸

## 學習分支的條件做出預測

如圖 5-11 所示，**設定條件在樹狀圖的分支上，並判斷條件是否滿足以解決問題**的模型稱為**決策樹**。我們會從訓練資料透過監督式學習設定此條件，並且會盡量建構精簡的（分支少又深度淺）、能夠切割整齊的決策樹。此時，將資料分成多個類別的稱為分類樹，預測特定變數的稱為迴歸樹。此外，建立決策樹的核心演算法包括 ID3、C4.5 和 CART 等方式。

使用決策樹的優點是可以處理訓練資料出現的遺漏值，也可處理離散型和連續型資料，以及視覺化預測結果等預期效果。

## 簡單又快速的決策樹為佳

同樣是建立決策樹，設定條件簡單容易判斷的決策樹，會比條件太過複雜不易判斷的執行效率還更好。換言之，分支的數量少而深度也淺的架構才是最理想的決策樹。

因此，計算一個節點出現「被分錯的機率」稱為**不純度**。如果一個節點存在很多個分類，它的不純度則大；如果只存在單個分類，不純度則小的觀念。

判斷分支的不純度變化的度量方式是**信息增益**，也就是說，父節點與子節點之間不純度的差異是信息增益，選擇的分支純度越高，其資訊增益會越大。計算此不純度的方法包括熵、基尼不純度和分類錯誤。透過以上計算方式，能幫助我們求出信息增益最大的決策樹。例如，使用基尼不純度計算圖 5-11 的信息增益之後，會顯示如圖 5-12 所示的計算結果。

**圖 5-11** 決策樹的案例

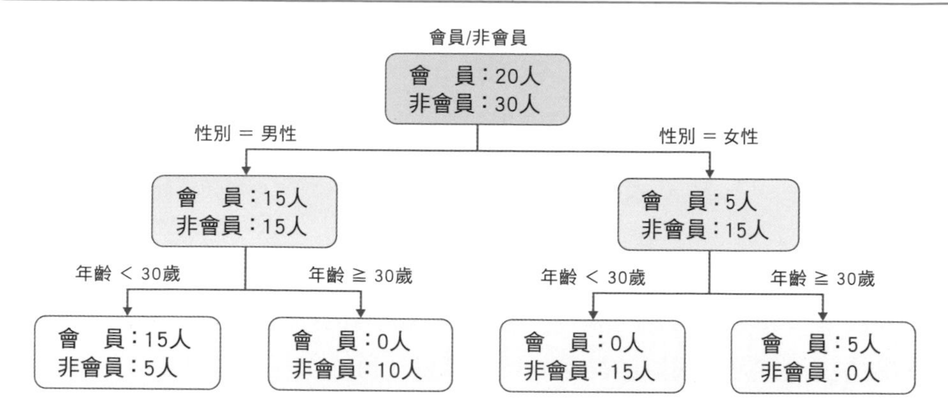


**圖 5-12** 信息增益的計算（計算圖 5-11 的基尼不純度）

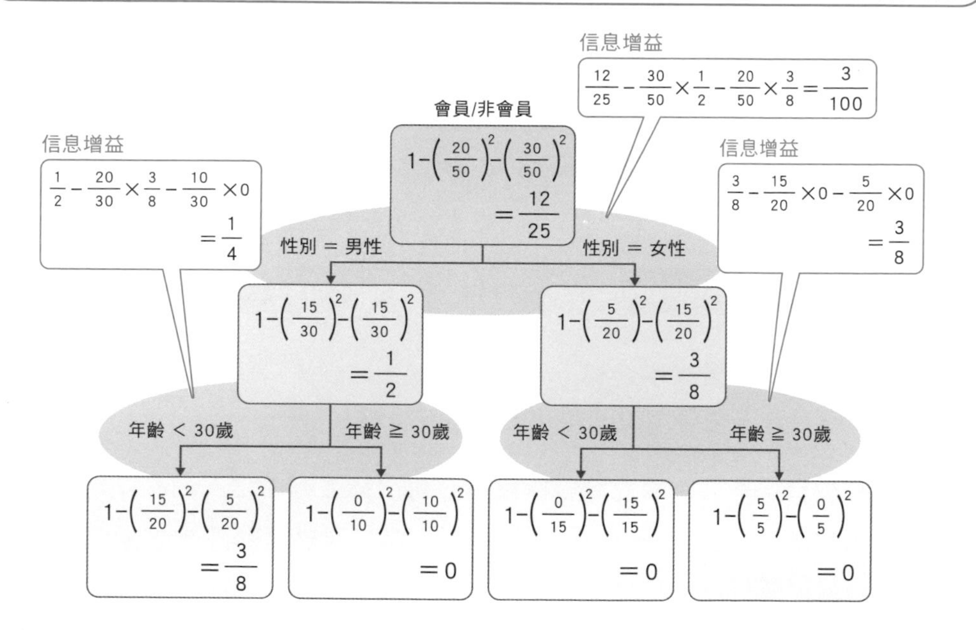


## Point

- 在樹狀圖的分支設定條件，並學習此條件的方法是決策樹
- 想要建立精簡的決策樹，會使用求出的不純度算出信息增益等度量方式

# 採多數表決的決策樹

## 多數表決提升精準度

在分類和預測的領域中，雖然會使用 **5-5** 介紹的簡化決策樹的方法，但還有很多種可以提升精準度的小技巧。其中，**訓練多棵決策樹整合學習並做出預測，採多數表決的方法決定最終預測的結果**是**隨機森林**（圖 5-13）。

對於分類的情況，可以使用簡單的多數表決方法，而在預測的情況，則可以使用計算平均值等方法。即便是精準度不高的決策樹，透過多數表決或平均值的方式，也可以獲得整體均衡的結果。它的學習方式看似簡單，但一般認為比訓練單棵決策樹還能獲得更好的預測結果。

如此結合多個機器學習模型的預測結果，採表決式建構最優的模型的方法稱為**集成學習**。隨機森林也屬於是集成學習的一種。

## 結合不同的模型

從多個樣本中抽取部分樣本建構分類器，並採多數表決決定的方法稱為**裝袋演算法**。隨機森林是結合裝袋演算法和決策樹的綜合體。

裝袋演算法的情況是個別獨立執行的關係，可用於並行處理，訓練其他學習模型加強效能的演算法有**提升演算法**（圖 5-14）。提升演算法無法用於並行處理，但可獲得更高精準度的結果。

集成學習用於特定的專案研究，能夠有效幫助我們預測準確率，但實際運作上可能會有花費過多時間的問題。多花些心思在建構分析模型也許會比採表決方式更具成本效益，建議依照業務需求再行評估。

圖 5-13 隨機森林

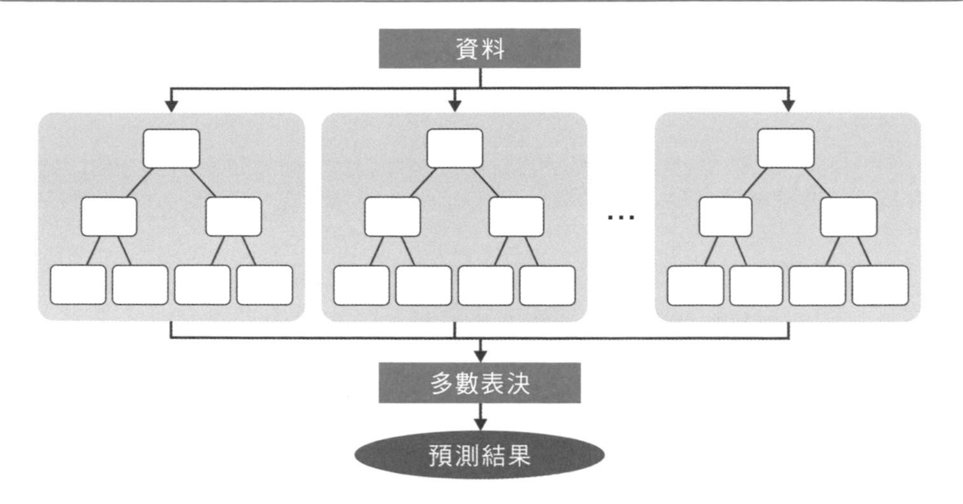


圖 5-14 提升演算法

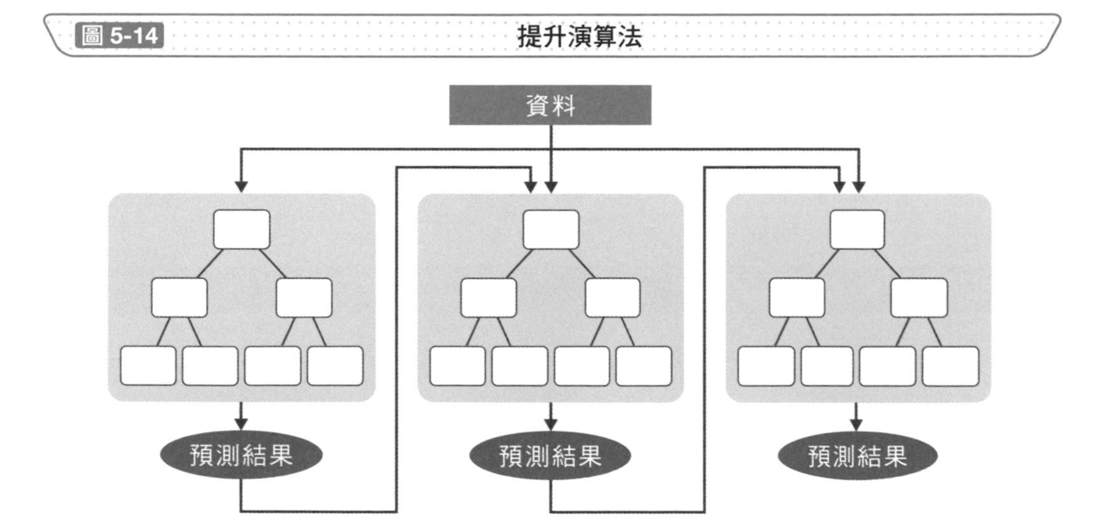


## Point

- 隨機森林是訓練多棵決策樹、並對每棵決策樹得到的預測結果採多數表決的方法
- 結合多個學習模型來進而優化學習模型的方法稱為集成學習，具體的演算法包括裝袋演算法和提升演算法

# » 分離邊界使間隔最大化

## 在遠處建立邊界

透過聚類分析等技巧將研究資料分為不同的群組時，需要進一步思考該如何建立分離線。例如，假設我們在平面坐標上將資料分類成兩個群組，有如圖 5-15 建立許多條線型的分離方式。

若只是單純地要將輸入的資料做分類，分離線是任何一條線都無妨；但如果得到的是訓練資料以外的不明資料，為了能夠分類的更加精準，所繪製的邊界線最好落在各個點之間的最遠處。

因此**在對邊界進行分離時，將該邊界到最近的資料點的間隔寬度距離最大化**的方法是**支持向量機**。它的概念被稱為是間隔最大化。如果是在二維平面之中，此邊界會呈現直線或曲線，但在三維平面則是平面或曲面的狀態。在更高維度的平面，邊界會被稱為**超平面**並進行分離。

## 如何建立資料的邊界？

我們要建立的邊界能夠分離的越清楚越理想，但實際的資料可能包含雜訊和錯誤，通常無法分離到真的很乾淨。多少都需要容許部分的誤差。

能將兩者真的分離清楚的前提之下，用來設置間隔的方法稱為**硬間隔**。無法將帶有雜訊的資料分離清楚，也許是因為有過擬合的問題，也有可能從一開始資料就已經是無法分離的狀態（圖 5-16 左方）。

因此，在要進行分離時，沒有完全將資料分離，接受些許錯誤的方法稱為軟間隔。如此一來可以預防過於簡單的模型發生過擬合的情形（圖 5-16 右方）。

圖 5-15 坐標平面的分離方式

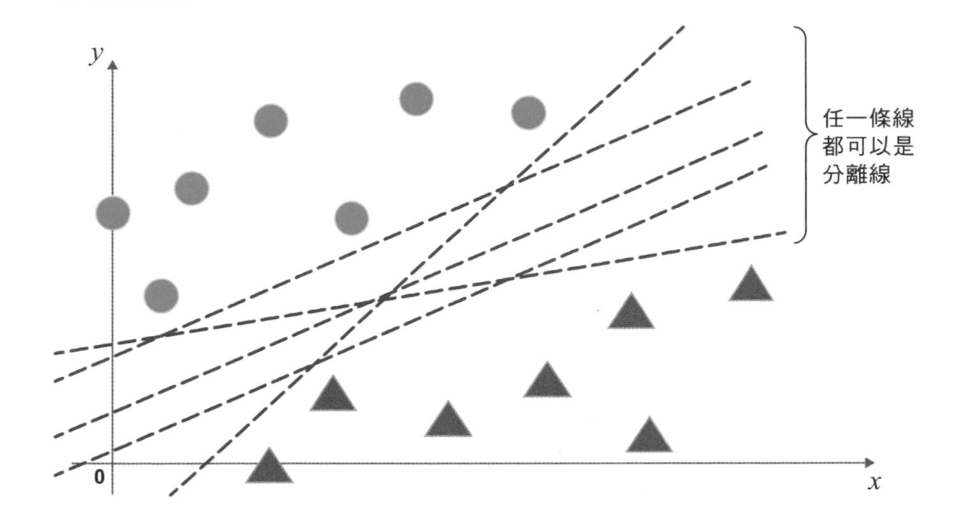


圖 5-16 硬間隔和軟間隔

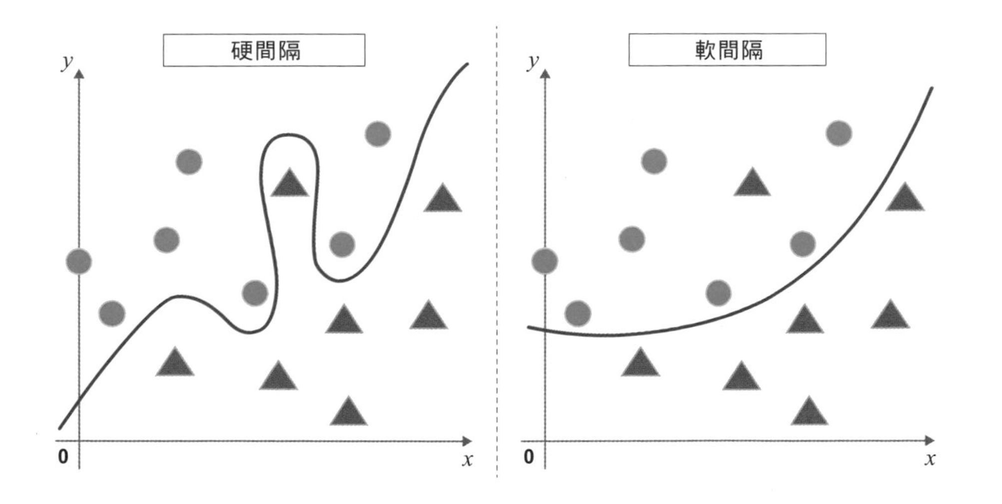


## Point

- 利用分界線分類資料時，將該邊界到最近的資料點的間隔寬度距離最大化的方式是使用支持向量機的方法
- 用於分離間隔的概念是硬間隔和軟間隔

# 用機率預測 0 到 1 的範圍

## 預測自變數到他變數的趨勢

登過山的人都知道，隨著海拔的升高，氣溫會逐漸下降，但實際將資料用散布圖顯示之後，看起來會如圖 5-17 左方所示，海拔和氣溫之間的關係會呈現一直線。

雖然並不是所有的點都坐落在這條直線上，但是使用一直線可以方便看出趨勢，且當有新的海拔高度加入時，也能預測溫度。

如前述，從資料當中用於分析自變數與他變數預測趨勢的方法是**迴歸分析**，這時採用的是「點與點之間的誤差平方和」最小化的方法，來盡可能地降低誤差，這稱為**最小平方法**（圖 5-17 右方）。

## 輸出 0 和 1 的邏輯迴歸分析

迴歸分析可以用於預測數值，但某些情況會需要預測的是機率而非數值。從我們的體重腰圍、以及體脂肪的資料預測可能會生病的機率，從客人的年齡層和來店頻率預測購買機率，天氣預報預測的是降水機率，而不是用來分辨晴天或雨天等常見上述的情況。

此時，不單只有使用迴歸分析，還有預測結果介於 0 到 1 之間的取值範圍的分析方法，稱為**邏輯回歸分析**（圖 5-18）。它是**分析 0 到 1 之間的取值，進而預測結果是兩者之中的機率**的方式。

但是，簡單迴歸分析用線性函數的表示法時，會因為線性函數是直線的特性而超出了 0 到 1 的範圍。因此，需要使用些小技巧將其轉換成 0 到 1 的範圍之中。

通常會使用的是圖 5-18 右上方的 S 型函數。使用此函數可以將任何值轉換成 0 到 1 的範圍。換言之，可以套用 S 型函數將線性函數求出的值分析成機率。

圖 5-17 迴歸分析

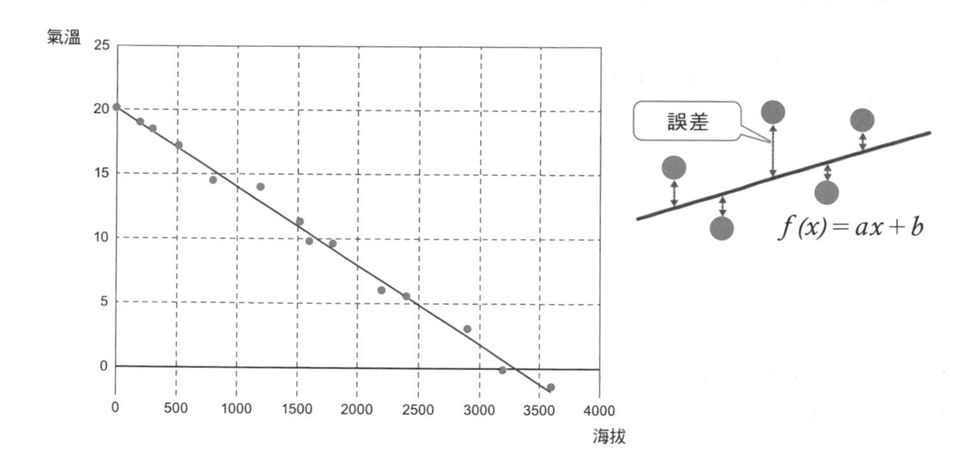


圖 5-18 邏輯迴歸分析

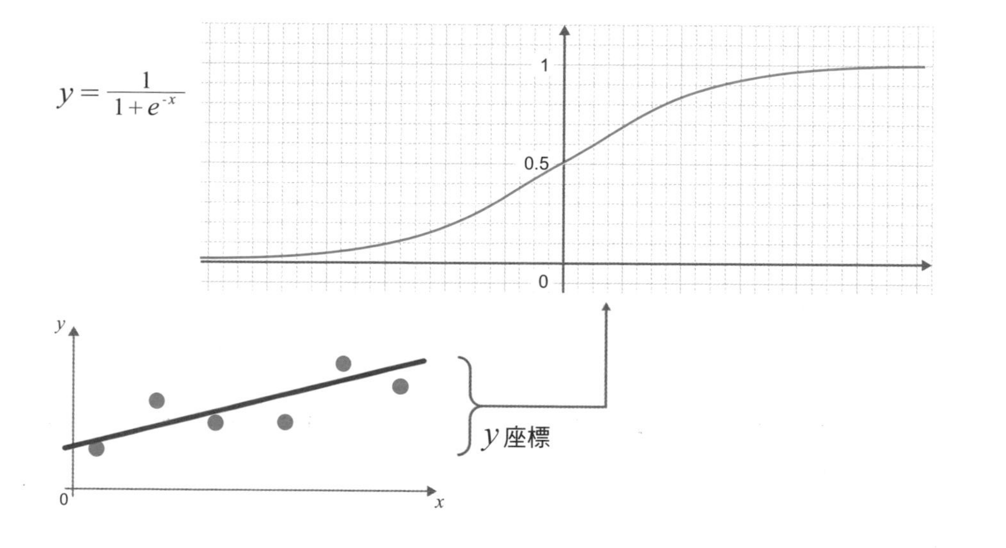


## Point

- 用於分析自變數與他變數預測趨勢的方法是迴歸分析
- 除了使用迴歸分析，還有預測結果介於 0 到 1 之間的取值範圍的邏輯迴歸分析方法，通常使用 S 型函數進行轉換

# 模仿人腦結構量化訊息

## 用神經元傳遞訊息

經常被我們使用的機器學習手法是神經網路。透過相連接的神經細胞（神經元）傳遞訊息的功能類似於大腦的分層結構，並將此建構成數學模型化的方法。**它具有輸入層、隱藏層和輸出層的層級結構，輸入層的輸入值會經過隱藏層的神經元，將計算結果傳遞到輸出層並輸出結果**（圖 15-19）。

此機器學習是利用計算「權重」作為調整輸出結果的訓練方式。透過調整權重值以縮小輸出結果和目標結果的誤差。經由給定的訓練資料重複此過程，進而達到學習的目的（圖 5-20）。

## 反向調整權重

當我們要調整權重時，用函數加以定義正確資料和輸出結果之間的誤差值稱為是誤差函數或損失函數。此誤差函數越小說明越接近正確值。

基本上會使用微分求出此函數的最小值。以及，使用此微分直到逼近最小值的方式有 **5-17** 介紹的梯度下降法（最速下降法）或是隨機梯度下降法等方法。

但是**神經網路的領域當中需要調整的權重，並不僅限於隱藏層和輸出層之間而已**。輸入層和隱藏層之間也有權重，隱藏層甚至可能存在多個權重。

將正確資料與實際輸出之間的誤差以相反的方向從輸出層傳遞到隱藏層，再從隱藏層傳遞到輸入層來調整權重的方法稱為誤差反向傳播法（圖 5-21）。

圖 5-19 神經網路

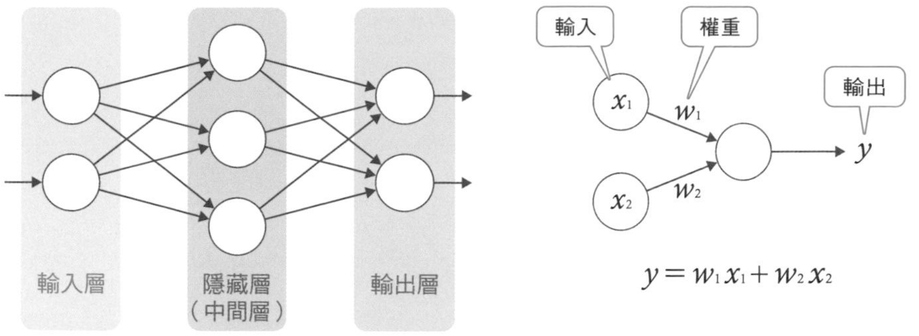

輸入層
隱藏層（中間層）
輸出層

輸入
權重
輸出

$x_1$ $w_1$ $x_2$ $w_2$ $y$

$$y = w_1 x_1 + w_2 x_2$$

圖 5-20 調整權重

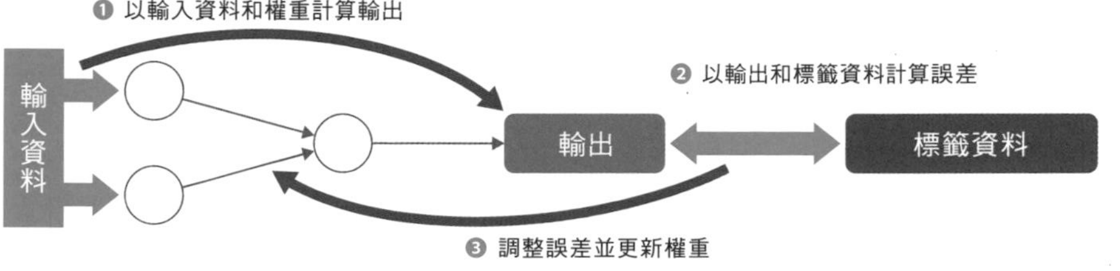


圖 5-21 誤差反向傳播法

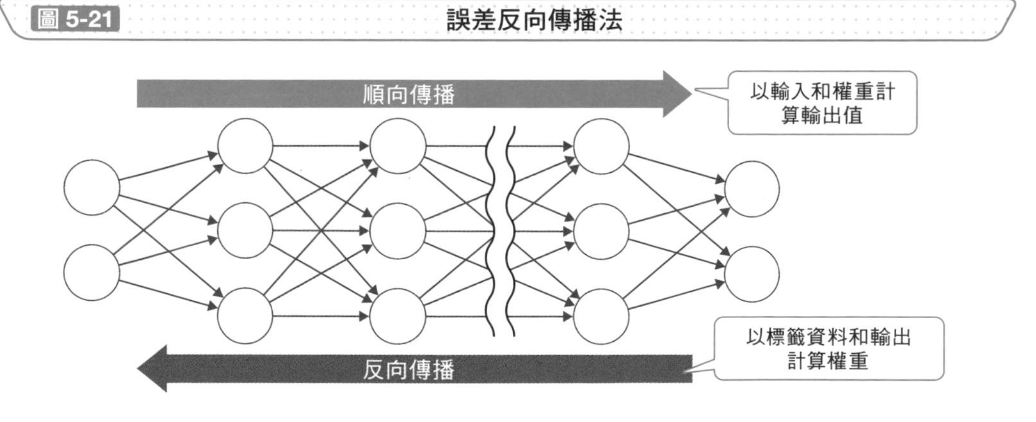


## Point

- 神經網路是透過神經元將傳遞訊息的功能建構成模型化的方法
- 神經網路用於調整權重的方法有誤差反向傳播法

# » 更深入的學習方式

## 深入神經網路的層級

深度學習（Deep learning）的主要概念是深入探討神經網路的層級，能夠執行更複雜的任務，也能解決更困難的問題（圖 5-22）。

**探討的層級越深入會需要龐大的學習資料，所需的執行時間也越長**。另外，進行複雜的計算通常使用圖 5-23 的活化函數來實現，卻也因為活化函數會逐漸縮小反向傳播中傳遞的誤差，反而出現梯度消失等課題。

但隨著電腦的性能升級和利用圖 5-24 活化函數的技巧，它因為成效良好而引起人們的關注。例如，不僅是在圍棋和象棋等遊戲中展現出贏過人類的實力，目前也常見使用在影像處理的領域上。

## CNN 和 RNN

深度學習並不只是單純深入神經網路的層級結構而已。通常使用 **CNN**（卷積神經網路）來進行影像相關處理。就影像而言，點所構成的範圍比個別的點更具有特徵。因此，透過名為卷積層和池化層之間反覆的處理來掌握影像的特徵。換言之，**不是對影像中個別的點進行處理，辨識其特徵（顏色明顯不同等）和位置關係等提取方式**。

此外在自動翻譯、語音識別等領域，是持續性地接收輸入資料的處理環境通常使用的是 **RNN**（遞迴神經網路）。還有其他許多適用於時間序列辨識資料的方法。

圖 5-22　深度學習

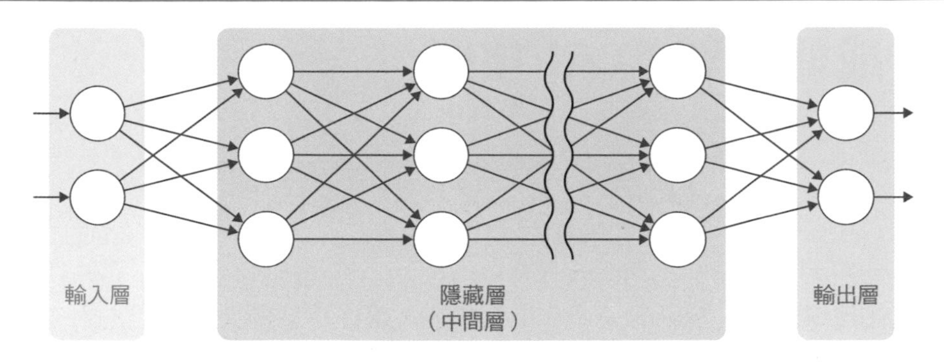


圖 5-23　活化函數

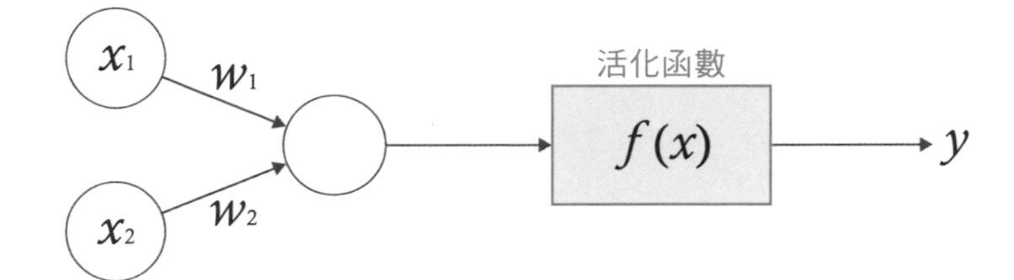


圖 5-24　活化函數的種類

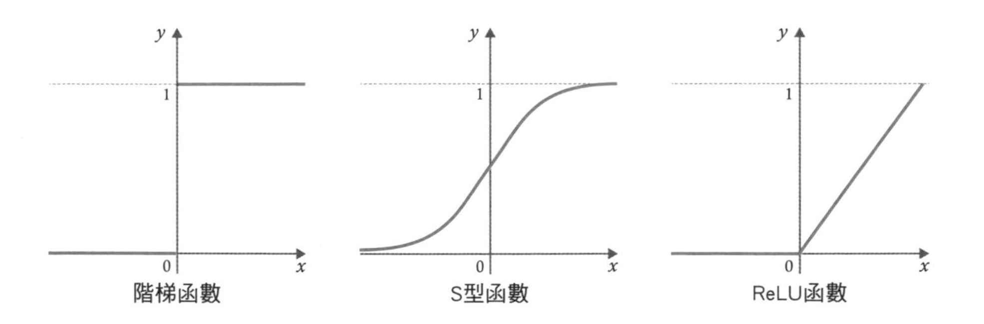


## Point

- 深度學習是加深神經網路的層級，實現複雜的任務的學習方式
- CNN 用於影像處理，RNN 用於自動翻譯和語音識別等領域，依對象使用的方法不相同

# 生成假資料的 AI 技術

## 假鈔和警察之爭

GAN（生成對抗網絡）是擷取輸入資料的特徵、並使用這些特徵生成其他資料的方法。**使用過去某人說話的聲音，來生成該人現在說話的聲音，或是生成實際不存在的人臉影像**。

生成影像主要包括兩個部分組成：負責生成影像的「生成器」，和識別影像真偽的「識別器」（圖 5-25）。

此 GAN 的概念被比喻成是「偽造者」和「警察」。偽造者會儘可能的做出看起來像是真實鈔票的假鈔，而警察會想盡辦法試著識別真鈔和假鈔的差別。

早期的假鈔很容易看出端倪，但隨著造假技術的日新月異，幾乎無法區分真鈔與假鈔的差異了。為此警察還導入更新的技術來提升識別率，雙方不斷從中互相切磋較勁（圖 5-26）。

這項技術也因此生成出人類無法辨識真偽的問題。以上情形，用「對抗例」的說法形容雙方為滿足自身目的，彼此從競爭中學習的情況。

## 讓人分不出真偽的資料

Deepfake（深偽技術）是 deep learning + fake 的縮寫（圖 5-27），**是透過 AI 合成照片、影片、聲音等來偽造內容的方法**。例如利用過去的照片、影片等替換人物的一部分，或用過去說過的話、捏造其說出完全不同的內容等真實案例。如果偽造的照片或影片被當成是證據使用，即使本人出面否認也很難取得他人的信任，它是一項有可能會衍生後續社會問題的技術。

圖 5-25　GAN 的原理

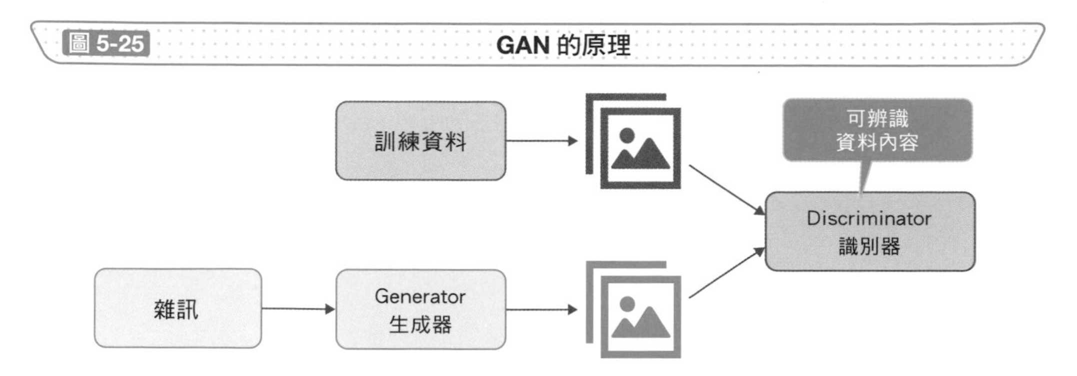


圖 5-26　假鈔和警察之爭

圖 5-27　深偽技術

## Point

- GAN 是透過 AI 技術生成新資料的方法
- 利用 AI 技術合成照片、影片、聲音等來偽造內容的方法是深偽技術

# » 去除影像雜訊和增強輪廓

## 數位影像處理方式

**5-10** 介紹的卷積神經網路（CNN）是深度學習的一種，也用於圖像處理。這種對於圖像文件進行各種處理的方法，早在以前就在許多照片管理軟體等中被廣泛使用。

例如，**針對某個點的周圍進行特定處理，實現去除雜訊和強化邊緣的手法**有影像濾波器。因為電腦和智慧型手機使用的影像是數位檔案格式，可以利用各種的運算來編輯影像。

## 降低影像的雜訊

用相機拍照的影像常都會帶有雜訊。想要降低這類的雜訊會使用平滑化（高斯模糊）的功能，它是一邊移動濾鏡的同時運算畫素值的均值來執行的（圖 5-28）。透過運算均值的方式，柔和每個點之間的濃淡程度，以達到降低影像雜訊的目的。

## 提取特徵形狀

我們會需要從影像中提取直線和圓形等某些特徵的形狀。除此之外，檢測人臉以及要識別物體則需要運用提取輪廓的方法。上述情形可以利用邊緣檢測來找出**數位影像中亮度變化明顯的地方**（圖 5-29）。

它是依據顏色和亮度來判斷變化明顯的區塊。因為是透過數學中的微分，進而判斷所產生的變化程度，對於影像處理方面也被稱為微分濾波器。微分濾波器是利用垂直和水平方向相鄰像素值的差值，依情形也有利用 2 次微分的拉普拉斯濾波法來提取輪廓的方式（圖 5-30）。

圖 5-28 平滑化的機制

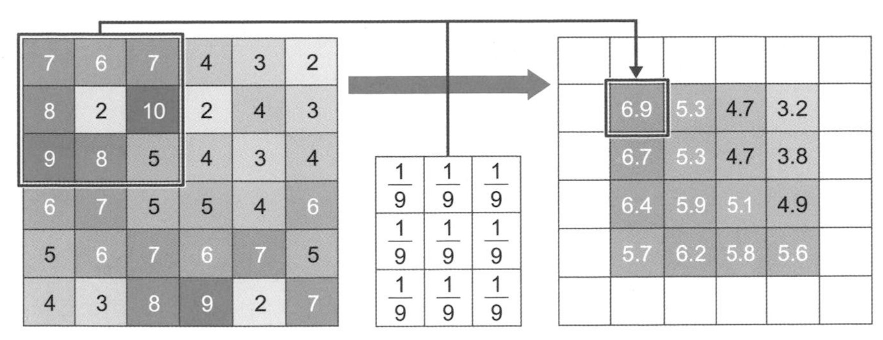


圖 5-29 邊緣檢測

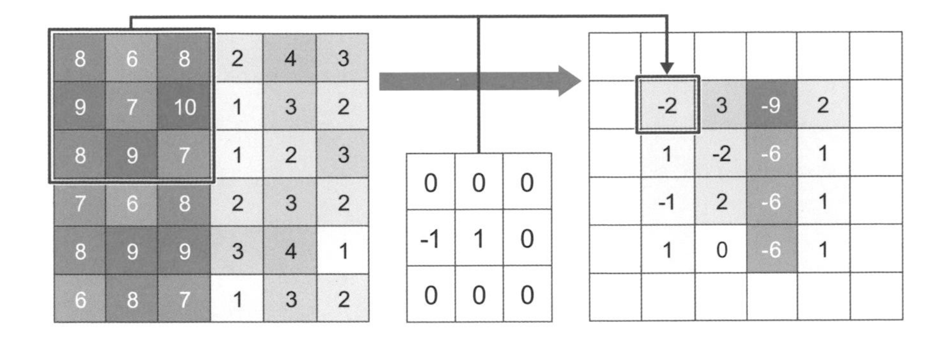


圖 5-30 邊緣檢測的範例

原始圖像

邊緣檢測後

## Point

- 用於去除影像中的雜訊和強調邊界的方法是影像濾波器
- 邊緣檢測包括使用微分濾波法和拉普拉斯濾波器

# 隨機抽樣的執行方式

## 隨機採取行動

隨機演算法不僅是按照既定程序對輸入資料進行處理，並且利用隨機抽樣選擇解決問題的方法。例如，**1-13** 介紹的蒙特卡羅方法就是隨機演算法的其中之一。

**由於隨機數會影響執行的過程，每次產生的結果皆不相同以外，也難以想像花費在執行面的時間**。在 **3-10** 介紹的快速排序，如果選用隨機數當基準值，其執行結果會相同但執行的時間卻有所不同。

隨機演算法的優點是能夠說明資料有分布不均的情形。雖然由前依序搜尋的方法可找出符合特定條件的資料，但是符合該條件的資料有可能集中在後半部分。然而，隨機演算法或許在短時間內就可以找到目標資料（圖 5-31）。

## 最短時間內求得近似最佳解

啟發式演算法（Heuristics）被翻譯為「可得性捷思法」或「經驗法則」，意指**不確定是不是正確解，但是用來最短時間內尋找近似最佳解的方法**。

人類會習慣性地藉助自身累積的經驗和直覺，不經思考地訂出各種的計畫。比如說，大多數人面對料理多半是憑感覺想像不同食材的搭配下變化的滋味，並且拿捏恰當的烹煮時間。

上述啟發式演算法被應用在 **4-13** 介紹的 A* 演算法，更進一步被廣泛應用在機器學習等專業領域。想要檢查每個模式的話不僅是數量龐大且執行起來也曠日費時，但藉由人類的過去經驗和直覺，假設性地進行局部處理的方式，也可以有效率地解決問題。（圖 5-32）。

### 圖 5-31 隨機演算法的優點

任意尋找一個偶數時

無規律性的資料可以立即找到

| 5 | 16 | 15 | 2 | 14 | 12 | 6 | 7 | 10 | 1 | 9 | 8 | 13 | 17 | 4 | 11 | 3 |
|---|---|---|---|---|---|---|---|---|---|---|---|---|---|---|---|---|

資料本身的關係使搜尋花費時間

| 13 | 5 | 7 | 17 | 3 | 9 | 11 | 15 | 1 | 4 | 12 | 8 | 16 | 2 | 10 | 6 | 14 |
|---|---|---|---|---|---|---|---|---|---|---|---|---|---|---|---|---|

使用隨機演算法
在兩者之間都能夠
短時間內找到目標

### 圖 5-32 啟發式演算法

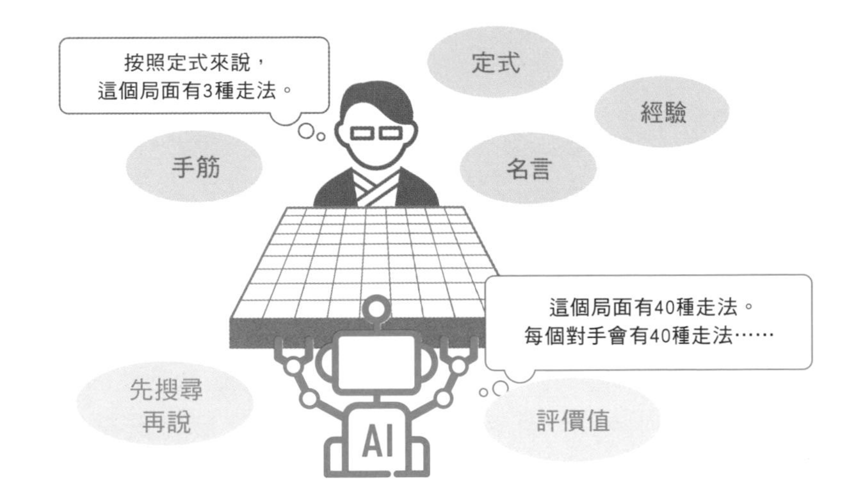


## Point

- 隨機演算法是利用隨機抽樣選擇解決問題的方法
- 在隨機演算法當中，執行的結果皆不相同，其花費的時間也不同
- 藉由人類過去經驗和直覺有效率地解決問題的方法有啟發式演算法

# 模擬生物進化的過程

## 汰弱留強

遺傳演算法是受到自然界「適應性強的物種逐漸生存下來，而適應性差的逐漸被淘汰」的機制所啟發的演算法。將該機制透過用模型化，實現於程式當中的方式，從 1960 年代問世以來一直被我們沿用至今。

遺傳演算法是模擬生物的進化過程，採用機率篩選的搜尋方法。它是**適應度越高的個體其生存的機率越高**的執行模式。此時，「選擇」適應度高的個體，透過親代的染色體產生的子代「交配」出現異於親代的個體「突變」。反覆進行以上過程，留下適應度最高的個體，也就是接近最佳解的個體越多，終將得到最佳解的結果（圖 5-33 左）。

## 如何找出函數的最大值？

舉一個簡單的例子，試想該如何找到像圖 5-34 左側中的函數的最大值。此時，將個體看作 $x$ 坐標（採用 2 進位編碼），並將適應度當作是 $x$ 坐標對應的函數值。

我們先隨機生成幾個個體。此時透過生成這些不同的個體，能夠廣泛的尋找坐標。接著選擇適應度最高的個體，換言之選擇函數值最大的個體。雖是適應度越高越容易被留下，但多少也要留下適應度低的個體。因此經常使用轉輪盤的方法，在輪盤上選擇要被留下的個體（圖 5-33 右上角）。

還有，利用單點交配和均勻交配等不同的交配方式，進而生成新的 $x$ 坐標（圖 5-33 右下角）。進而增加發生突變的機率，預防落入局部解的困境。

如此依樣反覆進行，一步步逼近最大值（圖 5-34 右下角）。

圖 5-33 遺傳演算法的過程

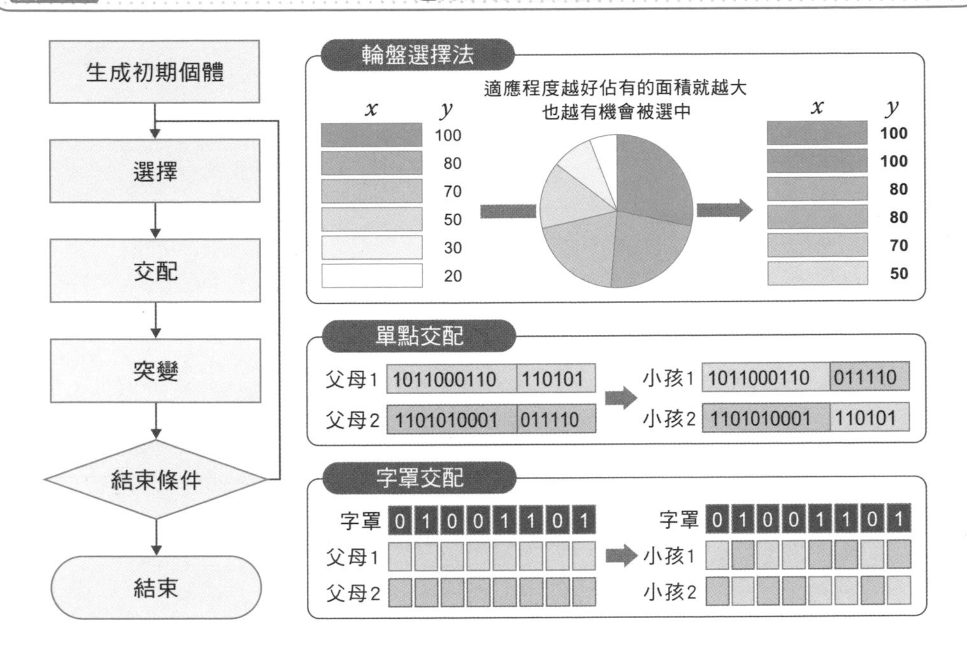

圖 5-34 尋找函數的最大值

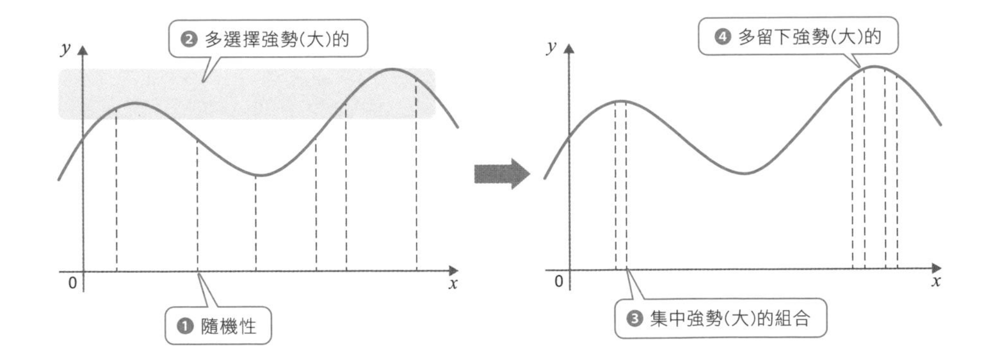


## Point

- 模擬生物的進化過程，採用機率篩選的搜尋方法是遺傳演算法
- 遺傳演算法除了反覆進行選擇、交配、突變等過程以外，還有突變可預防落入局部解的困境

# 隨著時間經過改變隨機性

## 一步步邁向頂峰的方法

用於求解函數的最大值的方法還有爬山演算法。它是從初始狀態的 $x$ 坐標開始，**依樣反覆計算附近的值，並往函數值大的方向移動的方法**（圖 5-35）。

用單純的函數一定可以求出最大值，但問題在於所謂的「接近」程度，認真仔細檢查確實會慢慢接近，相對的變得複雜且耗時。粗略的檢查或許能短時間求出最大值，但不容易收斂到局部最優值。這跟 **5-14** 遺傳演算法的介紹當中，提到尋找最大函數值的問題雷同，**起初先是廣泛地搜尋，後來再用縮小範圍的方式來解決問題**會比較恰當。

## 先擴大範圍再調整的方法

在函數太過複雜的情況下會陷入局部解的困境是爬山演算法的缺點。能夠消除這個缺點的方法是模擬退火法（Simulated annealing）。

對工具和機械零件進行後加工時，需要加熱軟化鋼材等其他金屬。但如果金屬受熱不均勻，就會產生後加工不良、如異常彎曲、硬度變化等問題。重要的是在金屬均勻受熱之後，再緩慢地進行冷卻，這種方法被稱為是退火。我們取至於應用的概念是先用高溫軟化後再隨意變形，接著用低溫度成型做收斂的動作。如此一來，隨著模擬的過程會逐漸收斂成最優值（圖 5-36）。

一般來說，若是要比較遺傳演算法和模擬退火法兩者的差別，普遍認為是遺傳演算法處理時間長但能得出較好的解，模擬退火法處理時間短但得出較差的解。

圖 5-35 爬山演算法

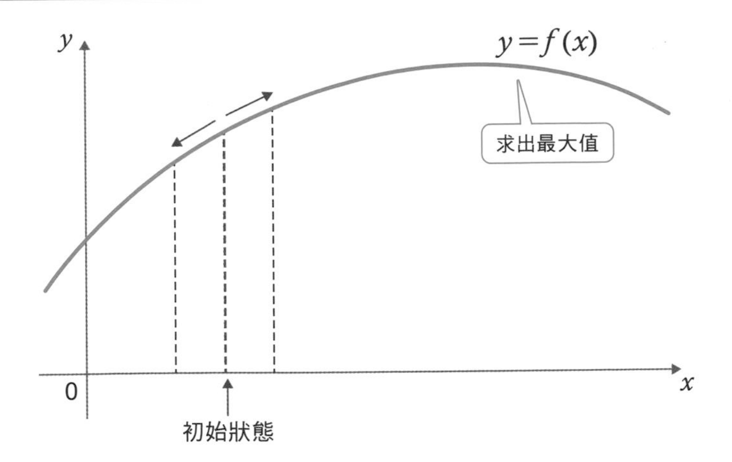


圖 5-36 模擬退火法

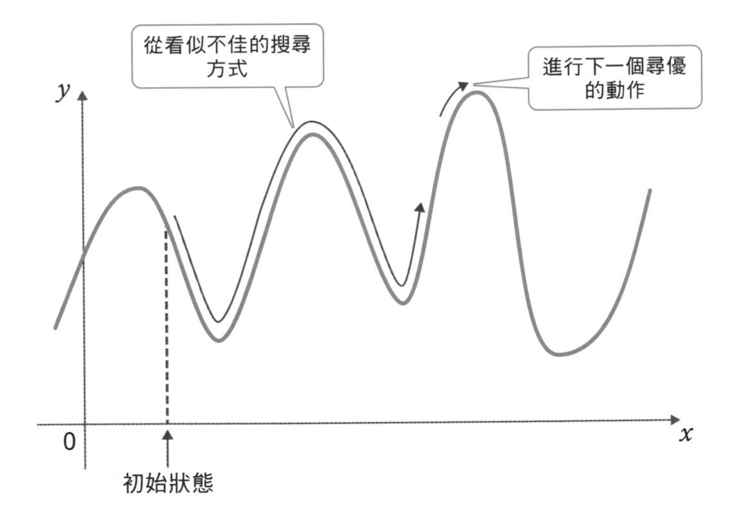


## Point

- 爬山演算法是容易用單純的函數求出最大值的方法
- 模擬退火法可以預防函數太過複雜時陷入局部解的困境

# 強化學習鄰近的樣本

## 物以類聚

**5-9** 介紹的神經網路是使用易懂的計算架構，但問題點是我們會看不出相連接的權重所表示的意思。於是**將高維度的輸入資料映射至低維度（例如二維度）的表示法**，類似像地圖採用視覺化設計的方法是**自組織映射圖**。例如圖 5-37，是將機器學習最經典的鳶尾花資料呈現為二維度的表示法。由於它是四維度的輸入資料，原本不易理解的主要特徵可以變成二維度的表示法。

如圖所示，具「相似性」的內容有容易聚集的特性，經常被用於**資料分群和分析拓僕關係**。正如同它「自組織映射」的名稱一樣，具有不需透過標籤資料而進行分類分析的特徵，屬於是非監督式學習的一種。

## 學習最相似的輸入資料

自組織映射圖會計算訓練資料當中，權重向量最相似輸入向量的神經元為勝利者。離勝利者越近者其學習力越強，而離越遠者其學習力就會越弱。**當我們給予各種不同的訓練資料時，會加深它們各自在勝利者附近進行學習，因此相似的內容便聚集在一起**。圖 5-37 的範例當中，在二維平面上用 8x6 個神經元的表示法，每個神經元與輸入層同樣相同都是四維度。起初用隨機的方式配置神經元，當從輸入層中加入訓練資料時，選擇一個接近輸入資料的神經元，使其周圍開始對輸入資料進行學習。

用訓練資料依樣反覆此過程，並對聚集的神經元進行分類（圖 5-38）。

**圖 5-37** 自組織映射圖的範例

|  | Sepal. Length | Sepal. Width | Petal. Length | Petal. Width | 品種 | 記號 |
|---|---|---|---|---|---|---|
| 1 | 5.1 | 3.6 | 1.4 | 0.2 | setosa | ○ |
| 2 | 4.9 | 3.0 | 1.4 | 0.2 | setosa | ○ |
| 3 | 4.7 | 3.2 | 1.3 | 0.2 | setosa | ○ |
| … |  |  |  |  |  |  |
| 49 | 5.3 | 3.7 | 1.5 | 0.2 | setosa | ○ |
| 50 | 5.0 | 3.3 | 1.4 | 0.2 | setosa | ○ |
| 51 | 7.0 | 3.2 | 4.7 | 1.4 | versicolor | △ |
| 52 | 6.4 | 3.2 | 4.5 | 1.5 | versicolor | △ |
| … |  |  |  |  |  |  |
| 100 | 5.7 | 2.8 | 4.1 | 1.3 | versicolor | △ |
| 101 | 6.3 | 3.3 | 6.0 | 2.5 | virginica | + |
| … |  |  |  |  |  |  |
| 150 | 5.9 | 3.0 | 5.1 | 1.8 | virginica | + |

四維度 → 二維度

**圖 5-38** 學習的狀態（用彩塊表示的示意圖）

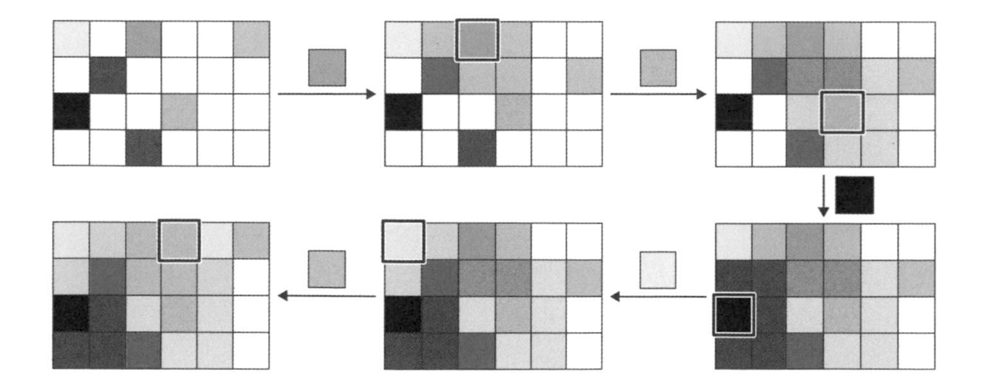

## Point

- 用低緯度的表示法將輸入資料視覺化的方法是自組織映射圖
- 權重向量最相似輸入向量的神經元為勝利者，透過在其附近加強學習的特性，相似的資料會自然地聚集，更容易看出之間的關聯性

# 快速求近似解的方法

## 求出方程式的根

有個函數是 $y=f(x)$，請試著用此函數求出 $y=0$ 的交點坐標（圖 5-39 左方）。如果 $f(x)$ 是線性函數或 2 次函數的話，我們很容易就能算出方程式的答案，但要用複雜度高的函數來計算此 $x$ 坐標可能會有難度。

**用於能夠快速求出 $x$ 坐標近似值的方法**有**牛頓法**。首先在 x 軸的圖形上的起始點上畫出切線。對應其切線與 x 軸相交的點，通過 x 軸找出其切線相交的點。反覆此過程進而逐漸逼近所要求出的解（圖 5-39 右方）。

## 往最小值移動

和牛頓法同樣是利用斜率的方法還有**梯度下降法**（隨機梯度下降法）。它是用於在機器學習等領域找出最小值的方法。**它不是直接從給定函數中找出最小值，而是在圖形上逐漸向最小值移動的同時進行搜尋的方式**。

如圖 5-40 左上方所示，如果斜率為負則向正的方向移動，如果斜率為正，則向負的方向移動，如此反覆進行直到不能再繼續移動的點就會是最小值的概念。

但是，像圖 5-40 右方所示複雜度高的函數有可能會陷入局部解的困境。如果是在鄰近最小值的範圍內可以找得出最小值，要是在山峰以外的其他範圍開始的話就會無法走出局部解的困境。

因此，我們可以用**隨機梯度下降法**，隨機取初始值進行搜尋的方式來對應此情形。隨機梯度下降法是打亂訓練資料，以隨機的方式選擇各個初始值。如此一來便能夠降低容易陷入局部解的可能性。

圖 5-39 牛頓法

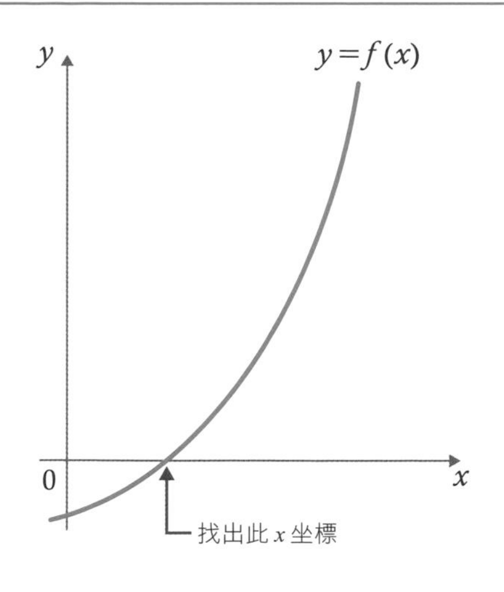


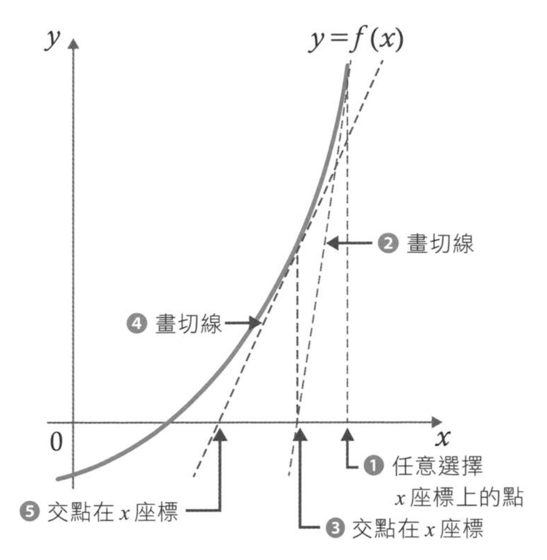


圖 5-40 梯度下降法

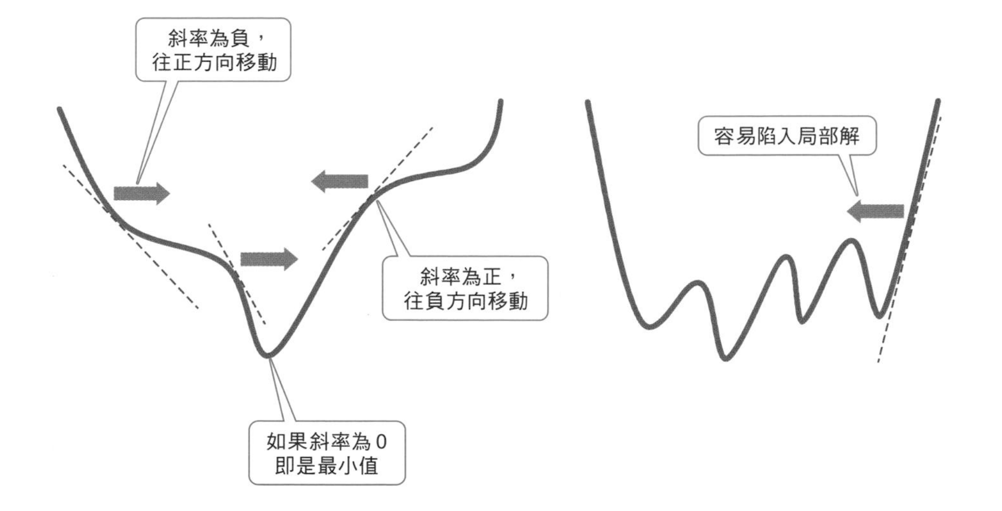


## Point

- 牛頓法能夠快速求出平方根的近似解
- 利用斜率求出函數的最小值的方法稱為梯度下降法

# » 分類大量資料

## k平均演算法

我們知道 **k** 平均演算法（k-means 演算法）是找出性質相似的資料，並將它們分類成群（群集）的方法。**先隨意將資料分成 k 組群集，再透過反覆計算並更新各個分群的平均值（中心點），自行將資料分群**的方式。

屬於是非階層式分群演算法，方便用於一定數量的分群方式。

## 如何測試 k 平均演算法？

如圖 5-41 左方所示，用 k 平均演算法對 10 家店鋪的資料進行群集分析。從各店鋪平日和假日的銷售量來看，分別有平日銷售量多的店鋪和假日銷售量多的店鋪。將這些用圖 5-41 右方的散布圖進行量化。

接著用 k 平均演算法將其分為 3 個群集。一開始先設定初始值，隨機選出 3 個資料點當成是這些群集的中心點。此時，分別按照符號●、▲和■的順序進行標記。接著計算每個群集的平均值（中心點）並設定為該群集的中心點（圖 5-42 左方）。

每個點跟點之間與中心點距離最近的資料點歸屬於該集群（與平均值距離最短）並標記該群集的符號。並且計算各集群的平均值，並產生新的集群中心點。

依樣反覆此過程會使得標記集群的符號逐漸改變。直到不再產生新的中心點時就結束執行。這次的執行結果如圖 5-42 右方所示。

k 平均演算法會因為資料本身分布不均，或是初始值的設定不當而無法正確分群。因此後來提出 **K-means++ 演算法**來改進此問題。

### 圖 5-41 銷售數量的資料

| 店鋪 | 平日的銷售數量 | 假日的銷售數量 |
|---|---|---|
| A | 10 | 20 |
| B | 20 | 40 |
| C | 30 | 10 |
| D | 40 | 30 |
| E | 50 | 60 |
| F | 60 | 40 |
| G | 70 | 10 |
| H | 80 | 60 |
| I | 80 | 20 |
| J | 90 | 30 |

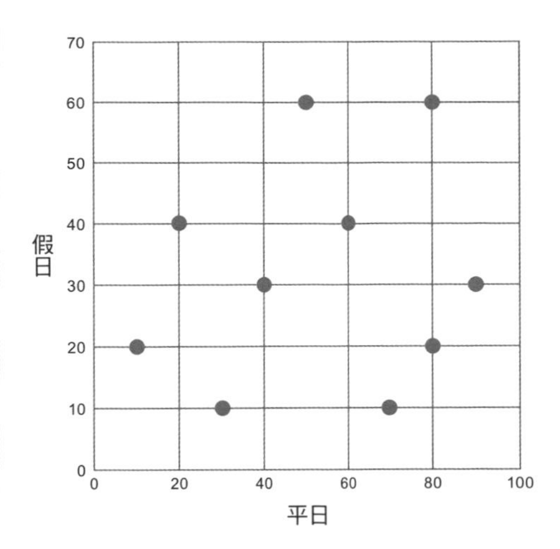




### 圖 5-42 初始狀態和結束狀態

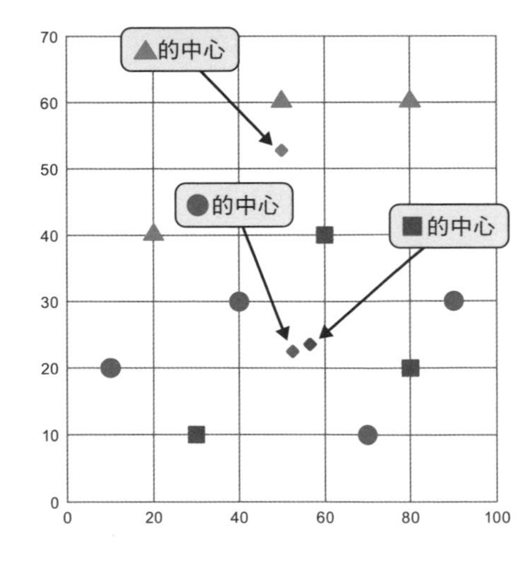


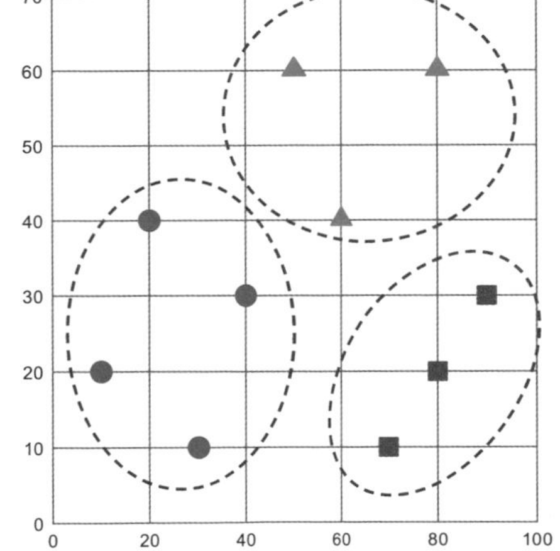

## Point

- k 平均演算法是非階層式、方便用於一定數量的分群演算法
- k 平均演算法先隨意將資料分群，然後找出與中心點距離最近的資料點，再自行分類成群的演算法

# 降低資料維度表示新的特徵

## 多維度資料降為二維度資料

學校有國文、數學、英語、自然科學和社會等多種考試科目。當老師看到學生的考試分數，有更多元化的方式，可以讓老師依分數評量學習成績。比如有按總得分排名的方式，看分數最高和分數最低科目的方式，分成「理科」和「文科」的方式等等。我們將 5 個科目的資料，**看作是一維或是二維資料，更易於理解各個資料的特徵**。

遇上述情形，可以使用主成分分析的方法來將資料降維。如果可以用二維或三維資料的表示法，將資料的特徵視覺化以方便解釋。因為如此，經常用在類似問卷分析，需要對眾多的答題結果進行歸納的情況。

## 尋找分散度最大的方向

主成分分析利用 R 語言等擅長統計的程式語言可以輕鬆完成實作，也陸續出現方便使用者操作的應用軟體。首先，我們還是從基本的演算法開始講起。

比如，試想將二維資料壓縮至一維資料的情況，會希望盡量找到能夠保留住原始資料的座標軸。換言之，當要投影到某座標軸上的時候時，必須要找到原始資料中方差（分散度）最大的座標軸（圖 5-43）。

因此，即使透過主成分分析將資料從多維度壓縮到二維度的表示法，也需要計算資料的重心（平均值）。然後，找出從該重心投射出資料方差最大的方向。它就是所謂的第一主成分。

接下來，與第一主成分呈直角且具有最大方差的方向，就是第二主成分。將這些用平面散布圖表示，會如圖 5-44 所示。

圖 5-43　如何選擇座標軸

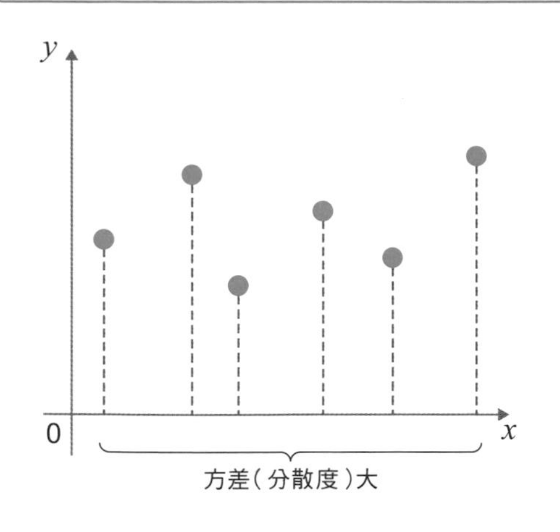


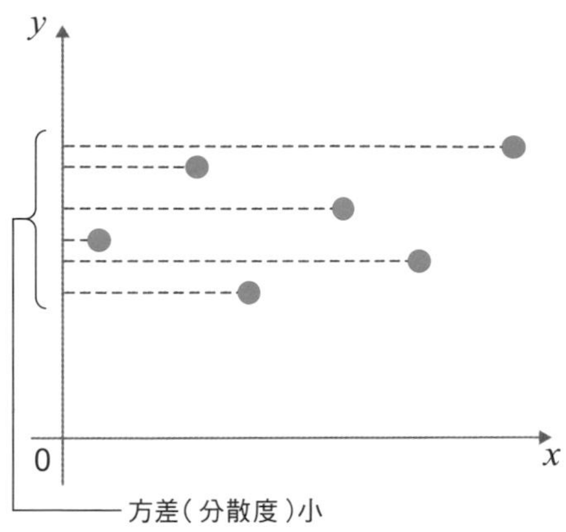


圖 5-44　主成分分析

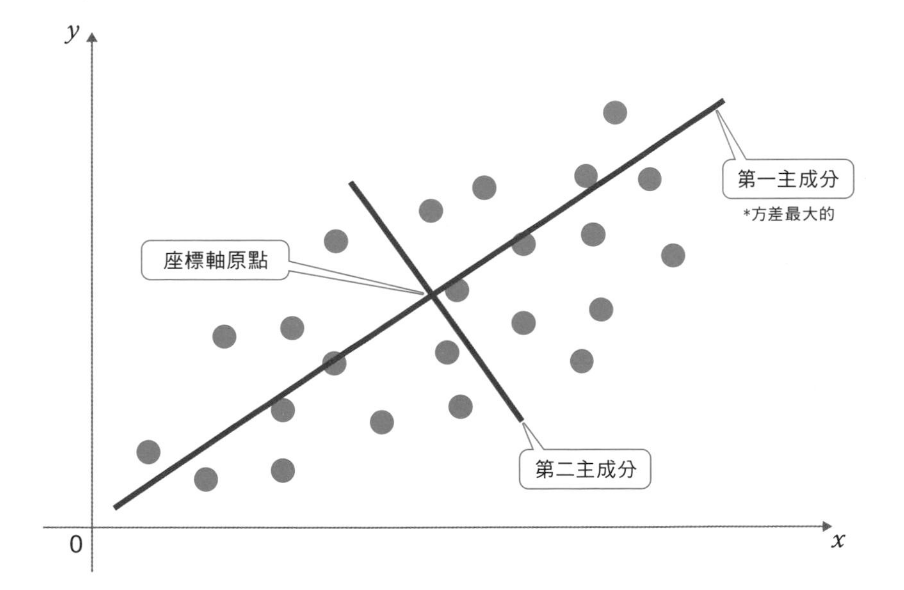


## Point

- 使用主成分分析，可以降低多維度的資料變成二維度資料，對映到低維度空間中表示
- 主成分分析是設定座標軸在方差最大的方向

# 試試看

## 我們熟悉的AI應用實例有哪些？

AI技術當中具代表性的應用實例，莫過於是常被新聞播報的圍棋和象棋吧。近來除了與人類一決勝負，還用於分析人類棋手間的局面情勢，以及判別各方贏面的情形，這替我們在觀看專業比賽時，多添加了一份新的樂趣。

其他有許多融入我們的生活的AI核心技術。例如，語音辨識和自動翻譯跟以前的水準比較起來，有沒有感受到正確度有大幅提升呢？

近來，主打「搭載人工智慧」的產品層出不窮。例如電動刮鬍刀和條碼掃描機等，即使是看似功能簡單的產品，仍不忘利用人工智慧做宣傳推廣。

當你看到這類的相關報導的時候，不防想像看看人工智慧在背後扮演的功能是什麼，也許會成為是幫助思考其他應用手法的靈感也說不一定。請務必試著想像看看。

| 產品 | 使用目的（預測） |
|---|---|
| 例）電動刮鬍刀 | 檢測鬍鬚密度 |
| 例）條碼閱讀器 | 去除條碼上的污漬 |
| | |
| | |
| | |
| | |
| | |

第6章

# 其他常見的演算法

~活用於日常中的應用實例~

# 分割成許多更小的問題

## 防止重複搜尋

有一種將原始問題重新組合成子問題的方式，來求解需要從多條路徑當中尋找某個值的複雜問題。例如圖 6-1 所示的路線，假如想知道從左下角到右上角之間有幾條最短距離的路線，而總路線數是通過 A 點加上通過 B 點的總數。換言之，計算比全局還小規模的路線數同樣可以得到答案。

一樣將通過 A 點的路徑數，分割成更小的規模的路線來計算並求解（圖 6-2）。這樣的方式，**在整個求解的過程中，把問題分割成許多更小的問題來解決，再利用得到的解答進一步解決全局的問題**。它被稱為是**動態規劃**。是從英文 Dynamic Programming 翻譯而來，有時也稱它為 DP。

## 記憶化執行過的結果

在動態規劃當中若有使用 **4-7** 介紹的「遞迴」會特別稱它為**記憶化搜尋**。將函數計算過的結果加以記憶化儲存，當下次遇到相同的參數可透過遞迴呼叫，**返回上次儲存的結果而不是執行該函數的處理過程**。

例如，試著計算「費波那契數列」第 6 項的函數。費波那契數列是每一項都等於前兩項之和的數列，其排列方式如圖 6-3 上方所示。一般情況下，第 $n$ 項如果為 fib($n$)，則可用 fib($n$)= fib($n$-1)+ fib($n$-2) 來計算。也就是說，依照圖 6-3 下方所示的方式計算第 6 項，可以看出函數透過遞迴計算，遇到相同的參數會返回上次儲存的結果。只要有儲存計算過的結果，從第 2 次開始都不用再重覆計算，可以大幅提升執行的效率。

圖 6-1 動態規劃的概念

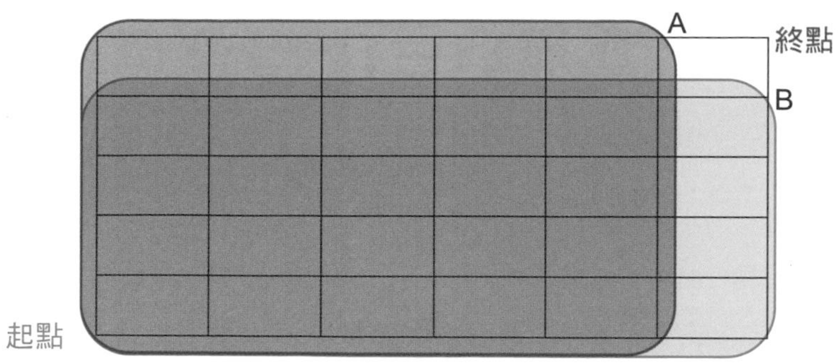


圖 6-2 動態規劃的求解過程

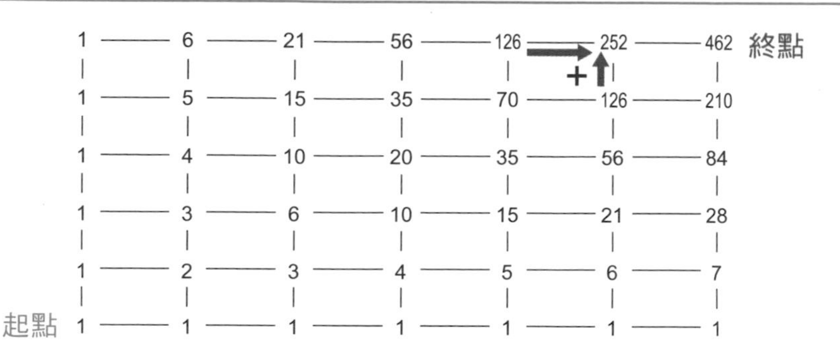


圖 6-3 記憶化搜尋

費波那契數列：1, 1, 2, 3, 5, 8, 13, 21, 34, 55, ...

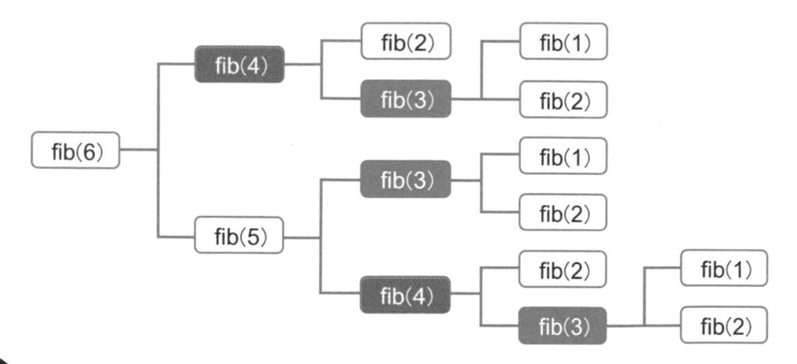


## Point

- 把原始問題分割成多個子問題，再利用得到的答案來解決全局的問題是動態規劃的方法
- 動態規劃中，有使用遞迴作為記憶化搜尋的方法

# » 縮減資料容量

## 減量而不遺失資料

我們平常透過網絡與對方分享資訊的同時，會因為容量的增加也拉長了傳送的時間。以及在電腦內部進行儲存檔案時，受限於能夠儲存的空間，而遇到被要求要刪除檔案的情形。

用於這種情況，**不刪除檔案的前提下減少容量的方法**是**壓縮檔**。就像是利用棉被壓縮袋抽出棉被之中的空氣降低容量的道理，它會丟棄檔案中的不必要的內容以減少其容量，並在必要時復原成原始檔案。這種「復原」的作業稱為**解壓縮檔**和**展開檔案**（圖 6-4）。

壓縮檔不單只是減少容量，從壓縮檔的外觀人類無法得知其箇中內容。此特性看來似乎可為壓縮檔加密，但只要懂得解壓縮檔的演算法，任何人都有能力破解，請注意不適合用於加密的方式。

## 非破壞性壓縮和破壞性壓縮

它有非破壞性壓縮和破壞性壓縮這兩種格式的壓縮檔。所謂非破壞性壓縮是指壓縮檔案經過解壓縮，可以完全恢復與原始資料相同的內容。以文字檔來說，必須要維持內容與原始資料一致的關係，因此使用非破壞性壓縮。另一方面，破壞性壓縮是經過解壓縮，無法恢復與原始資料相同的內容，但影像、聲音、影片等格式，只要沒有明顯差異通常都不會有問題（圖 6-5）。

比較檔案壓縮前和壓縮後的程度稱為壓縮比，較小的比值稱為「高壓縮比」（圖 6-6）。**一般而言，破壞性壓縮的壓縮比會比非破壞性壓縮來得高**。請評估壓縮和解壓縮所需的時間以及壓縮比，並根據使用用途選擇適當的壓縮方式。

## 圖 6-4 壓縮、解壓縮、展開檔案

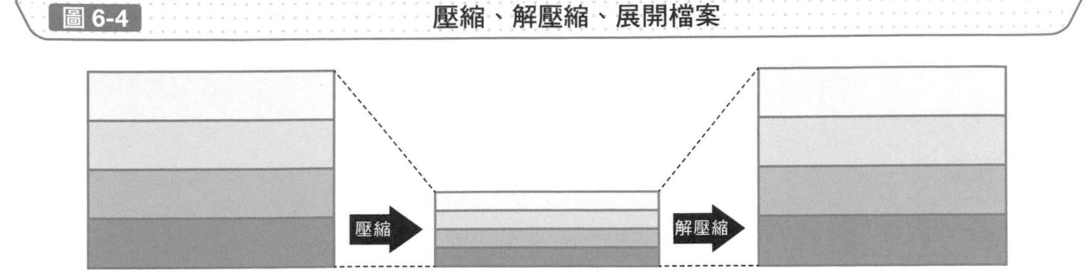


## 圖 6-5 非破壞性壓縮和破壞性壓縮

我是貓，還沒有名字。問我是在哪出生的，我也沒個頭緒，只依稀記得在某個昏暗潮濕的地方喵喵低泣。

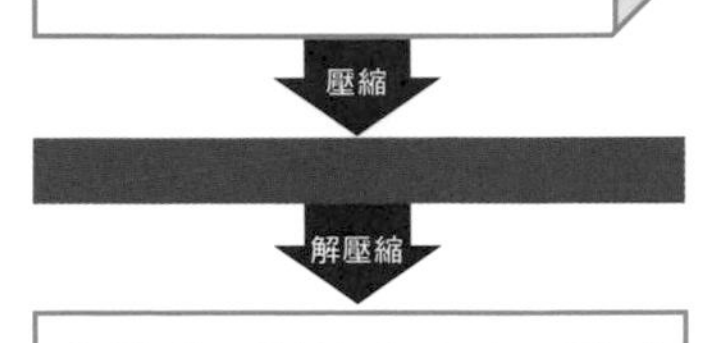


我是貓，還沒有名字。問我是在哪出生的，我也沒個頭緒，只依稀記得在某個昏暗潮濕的地方喵喵低泣。

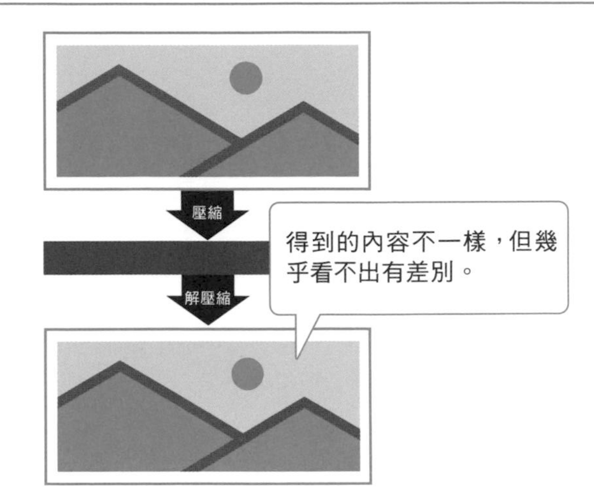


## 圖 6-6 壓縮比的計算

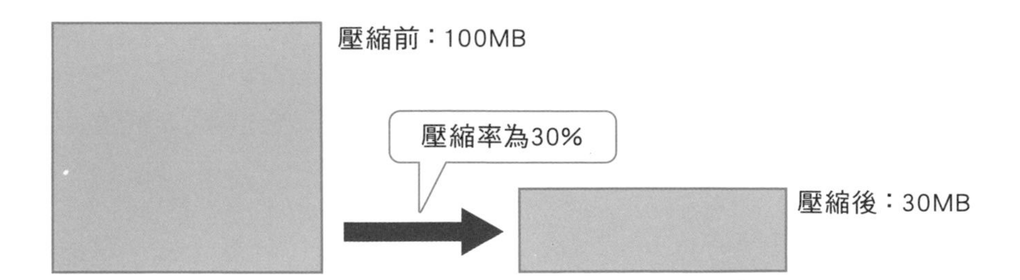


## Point

- 不刪除檔案的前提下減少容量的方法是壓縮檔，將壓縮檔復原成原始檔案的作業稱為解壓縮檔和展開檔案
- 作為壓縮的格式有非破壞性壓縮和破壞性壓縮

# 連續壓縮

## 採規則性壓縮

至於壓縮檔案的演算法，其中較淺顯易懂的有**變動長度編碼法**（行程長度編碼）。如同它的名字「run」（連續），「length」（長度），用固定長度的編碼來取代連續重複出現相同的值。

比如「000000000」是 9 個「0」的排列方式，用「0x9」的表示法可減少字元數。在文章當中不會出現有連續相同的文字，但影像檔常會有各種相近色的組合。換言之，**持續出現相同像素越多，壓縮比就會越高**。因此像傳真僅使用到黑白像素，文字以外的地方皆為白色，採用變動長度編碼法的壓縮效果極佳（圖 6-7）。

變動長度編碼法也有它的缺點，如果是不連續出現相同的資料，可能會導致產生比原始資料還要多的資料量。例如想要用上述方式來刪減字元數時，假設得到的字元是「123456」，則變成是「1x1 2x1 3x1 4x1 5x1 6x1」的狀態，資料量反而會變得比原始檔案還要大。

## 按出現頻率編碼

相對於變動長度編碼法的缺點，有一種稱為**霍夫曼編碼法**的編碼方法，它是根據「出現頻率高的值給予短的位元，出現頻率低的值給予長的位元」的原則來進行編碼。

比如每個英文字母各用 5 位元的表示法，可以識別出 32 個字元。以此類推，「SHOEISHA SESHOP」的字符串有 15 個字元，因此需要 75 位元。但是，如果按照圖 6-8 的出現頻率進行編碼的話，相同的字符串變成是 49 位元的表示法，其壓縮效果可見一斑。

圖 6-7 變動長度編碼法

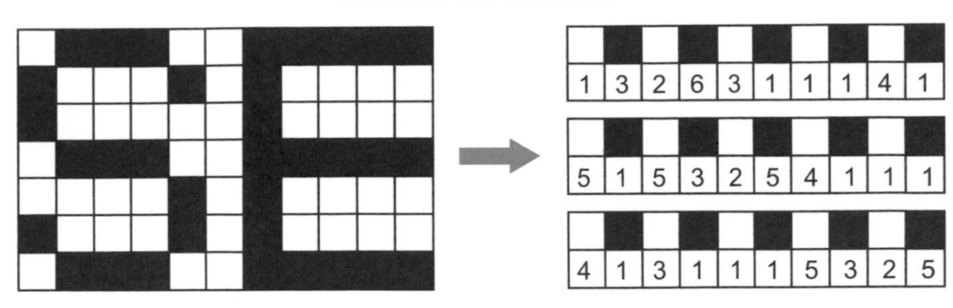


圖 6-8 霍夫曼編碼法

### 各字母用5位元的表示法

| A | B | C | D | E | F | G | H | I |
|---|---|---|---|---|---|---|---|---|
| 00001 | 00010 | 00011 | 00100 | 00101 | 00110 | 00111 | 01000 | 01001 |
| J | K | L | M | N | O | P | Q | R |
| 01010 | 01011 | 01100 | 01101 | 01110 | 01111 | 10000 | 10001 | 10010 |
| S | T | U | V | W | X | Y | Z | 空白 |
| 10011 | 10100 | 10101 | 10110 | 10111 | 11000 | 11001 | 11010 | 00000 |

10011 01000 01111 00101 01001 10011 01000 00001 00000
10011 00101 10011 01000 01111 10000

### 霍夫曼編碼法

| 字元 | A | E | H | I | O | P | S | 空白 |
|---|---|---|---|---|---|---|---|---|
| 出現的頻率 | 1次 | 2次 | 3次 | 1次 | 2次 | 1次 | 4次 | 1次 |
| 符號 | 11110 | 110 | 10 | 111110 | 1110 | 1111110 | 0 | 1111111 |

0 10 1110 110 111110 0 10 11110 1111111 0 110 0 10 1110 1111110

## Point

- 變動長度編碼法是用固定長度的編碼來取代連續重複出現相同值的方法
- 霍夫曼編碼法是按照出現的頻率決定編碼長度來進行壓縮的方法

# 》檢測輸入錯誤

## 降低輸入錯誤的機率

在輸入員工號碼或是產品編碼的過程中，明明已經很仔細地核對了，但還是會有輸入錯誤的時候。透過機器讀取條碼取代人工輸入，也會有可能因為條碼沾染灰塵或污垢而辨識錯誤。用於檢測上述錯誤情形的機制稱為校驗碼。**它是在原始資料的開頭或是尾端添加校驗位的方法**，也用來驗證身分證字號和駕照號碼的正確性。

日本的身分證字號 12 位數中的前 11 位數為流水號所組成，最後的 1 位數是從計算其他數字得來（圖 6-9）。這樣一來只要 1 個數字有錯，校驗碼便會無法吻合，而從中發現有錯誤的情形。ISBN 書籍碼和 JAN 產品條碼等其他條碼也是相同原理。

## 避免傳輸錯誤的偵測技術

日常生活中經常會透過網路與他人分享文章，雖然沒有用於文章的校驗碼，但是誰都不希望資料受到雜訊影響而出現錯誤。

在這種情況下，可以使用避免傳輸錯誤的同位元檢查碼這項偵測技術。同位元檢查碼是計算資料位元中存在「0」和「1」的個數，再依傳送的位元是奇數還是偶數的數碼，在資料後面添加 0 或 1 的方法。

例如，我們在圖 6-10 的所有位元中添加 0 或 1 讓 1 的個數變成是偶數，當 1 的個數與核對的位元組相反時，就可以檢測到資料有發生錯誤。這種使用同位元檢查碼檢測錯誤的方法稱為奇（偶）同位元檢查碼。另外，使用資料區塊（block）偵錯的方法稱為垂直奇偶校驗碼，用各資料區塊的相同位置來偵錯的方法，稱為水平奇偶校驗碼。

**圖 6-9** 身分證字號的校驗碼

身分證字號

校驗碼

| 1 | 2 | 3 | 4 | 5 | 6 | 7 | 8 | 9 | 0 | 1 | 8 |
|---|---|---|---|---|---|---|---|---|---|---|---|
| × | × | × | × | × | × | × | × | × | × | × | |
| 6 | 5 | 4 | 3 | 2 | 7 | 6 | 5 | 4 | 3 | 2 | |
| ↓ | ↓ | ↓ | ↓ | ↓ | ↓ | ↓ | ↓ | ↓ | ↓ | ↓ | |
| 6 | 10 | 12 | 12 | 10 | 42 | 42 | 40 | 36 | 0 | 2 | |

合計 212

212÷11=19…3

11－3＝8

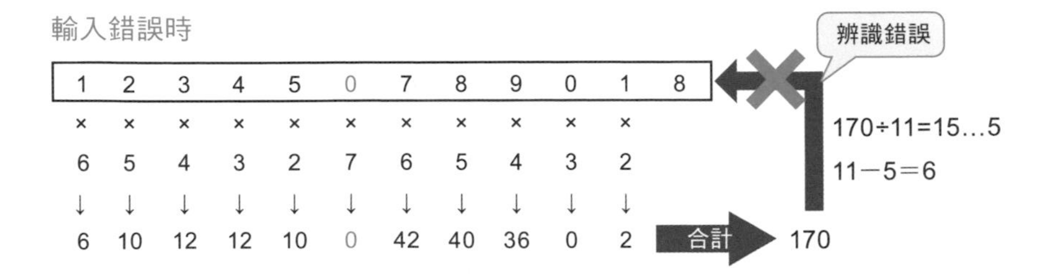


**圖 6-10** 同位元檢查碼

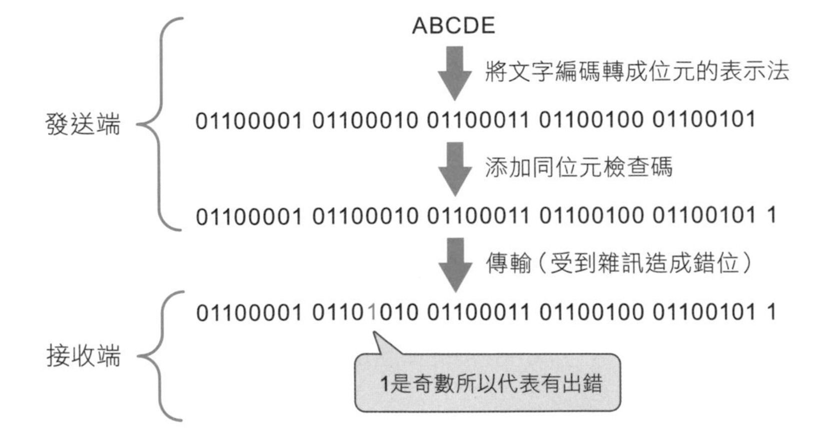


## Point

- 用於驗證身分證字號的正確性，在原始資料的開頭或是尾端添加校驗位的方法稱為校驗碼
- 透過網絡進行傳輸用於偵測雜訊的方法是同位元檢查碼

# » 去除雜訊和干擾

## 自動修正錯誤

即使只有 1 位元的錯誤，校驗碼或同位元檢查碼能偵測出輸入內容帶有雜訊。只不過，它僅止於檢測錯誤用，另外需要派人修正以及解決錯誤，而且無法檢測 2 位元相反之情況。

資料在經由網絡進行傳輸的途中，一旦受到雜訊影響就有可能會無法被正確讀取。雖然只要重新傳送就可解決此問題，但其實是非常浪費時間的行為。

因此，如果有方法能替我們修正接收資料帶有少數的錯誤就好了。而修正資料帶有少數錯誤的編碼方法，稱為**錯誤更正碼**。

## 修正和偵測少數錯誤的編碼

最具代表性的錯誤更正碼是**漢明碼**。漢明碼是修正一段區塊中 1 位元的錯誤，也能被檢測出 2 位元的錯誤。比如像圖 6-11 所示的 4 位元資料，加上 3 位元的校驗碼是傳送 7 位元的資料。如果最左邊的數字在接收端的位置相反，同樣地計算過校驗碼後會發現位元不相符合。如此一來便可知最左邊的數字有錯並且將它修正（圖 6-12）。

對 4 位元資料要加上 3 位元的糾錯碼看似浪費，但 11 位元的資料加上 4 位元是 15 位元的資料，26 位元的資料則加上 5 位元會是 31 位元的資料，隨著資料位元數增加，所用的編碼增加不大。

現實生活中常用於數位無線電視或是 QR code、DVD 等的錯誤更正碼是里德 - 所羅門碼。

圖 6-11 漢明碼

要傳送的資料：1 0 1 1
1
0
0
計算同位元檢查碼
傳送出的資料：1 0 1 1 1 0 0

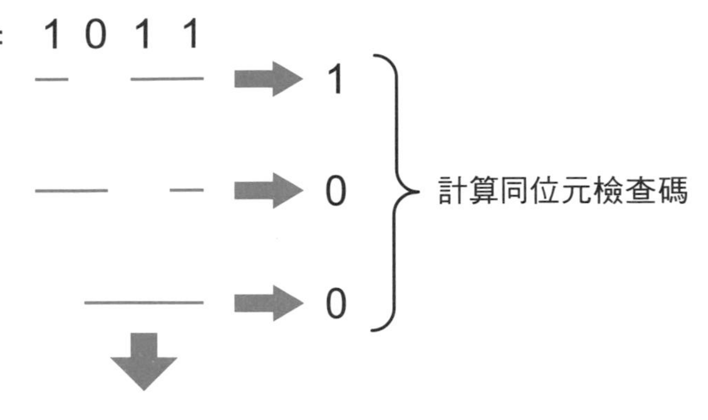

圖 6-12 漢明碼的錯誤更正碼

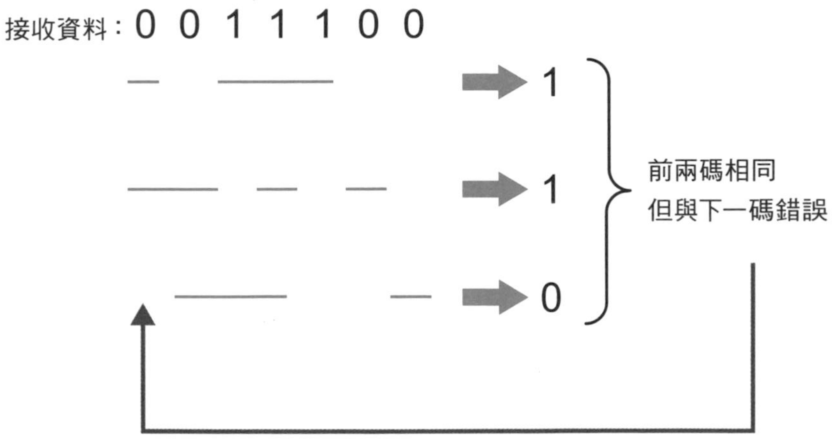

接收資料：0 0 1 1 1 0 0
1
1
0
前兩碼相同
但與下一碼錯誤



**Point**

- 除了可以檢測錯誤進而修正錯誤的編碼稱為錯誤更正碼
- 最具代表性的錯誤更正碼是漢明碼，可修正 1 位元的錯誤和檢測 2 位元的錯誤

# 利用加密演算法提升安全性

## 預防他人讀取文章內容

當需要傳遞文字訊息給對方時，按照彼此預先講好的規則進行轉換的方式，可以預防原始訊息外洩而不被他人得知的轉換稱為**加密**（圖 6-13）。

收到這份加密訊息的人則需要將訊息復原，才能知道原文的內容稱為**解密**（有其他文獻使用「解密法」的說法。但通常都稱為解密）。轉換過後的文字稱為**密文**，轉變前的文字稱為**明文**。**如果轉換的規則過於簡單，當密文落入他人手中時就有被復原（破譯）的風險性，建議轉換規則應盡量複雜化**。

## 網路通用的現代密碼學

自古以來，人們對密碼學進行了許多研究。最易懂的案例有逐字替換明文字元的「替換式密碼」和改變明文排列的「移項式密碼」（圖 6-14）。

同樣是用於轉換的演算法，只要對應表一變就會完全改變密文的內容。在密碼學的領域當中不單只是「轉換的規則（演算法）」，而「金鑰（密碼表）」也扮演著相當重要的角色。

即使得到不同金鑰的密文，也因為生成的模式有限，遭受暴力破解的攻擊法洩漏轉換規則，就可以輕易解密內容。**一般而言，不只是密鑰還有對演算法也進行保密**的方式，稱為「古典密碼學」。

另一方面，只要金鑰的機密性高於轉換的規則，即可保證安全性的稱為「現代密碼學」，經常使用於網路傳輸方面。古典密碼學則因為加密和解密的方式有易於他人聯想的缺點，通常用於教學方面居多。

圖 6-13 加密、解密、破譯

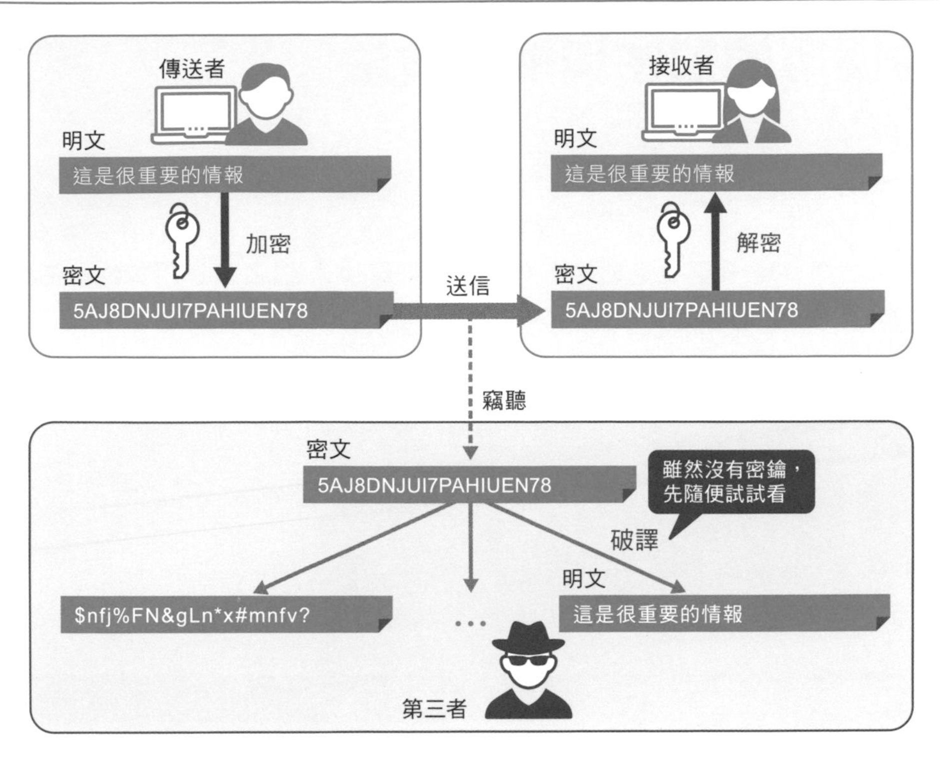


圖 6-14 替換式密碼和移項式密碼

**替換式密碼**

密碼表

| A | B | C | D | E | F | G | H | I | … |
|---|---|---|---|---|---|---|---|---|---|
| G | D | E | I | C | A | H | B | F | … |

CAFE → EGAC

**移項式密碼**

Never say never. → 橫向置入

| N | e | v | e |
|---|---|---|---|
| r |  | s | a |
| y |  | n | e |
| v | e | r | . |

縱向取出 → Nryve evsnreae.

## Point

- 將原始信息轉換為難以理解的內容稱為加密，將訊息復原成原始內容稱為解密
- 自古以來被人們所研究的加密方式有「替換式密碼」和「移項式密碼」，而這些被稱為古典密碼學

# » 最簡單的加密與解密方法

## 移動字母的位置

替換式密碼當中最知名的是凱撒密碼。**利用字母從 A 到 Z 的排序特性，位移固定字母數量對其加密的方法**（圖 6-15）。例如，當「位移 3 格」的時候，「SHOEISHA」的文字會是轉換為「VKRHLVKD」。對其復原時，只要反向位移 3 個字母即可得出原文。

類似凱撒密碼移位加密的規則，只單純移動 13 個字元的方法特別稱為 **ROT13**。由於字母表只有 26 個字母，只需要移動 13 個字母 2 次，就可復原到原來的內容。換言之，再執行 1 次加密便能將其解密的意思。

## 分析頻率的破譯方式

類似凱撒密碼等替換式密碼，可用暴力破解攻擊來試著破譯密文，但經常使用的是頻率分析的方法。**它是分析語言中字母及組合出現的頻率，作為破譯的手段**。

比如說，在英語的文章中最常出現的字母是「e」。還經常用到「the」這個單字，如果是 3 個字母並以「e」結尾，可以假設前面 2 個字母分別是「t」和「h」。反之，「j」「k」「q」「x」「z」等，就是出現頻率低的字母。按此原則，我們可以試著填寫圖 6-16 的表格。將出現頻率明顯最多的字母「r」假設是「e」的話，就可以確定「gur」代表的是「the」了。

此外，密文第 2 行的第 1 個單字的結尾是 2 個相同字母的單字，進而聯想到「shall」的「ll」也是相同結尾的單字。透過這些字母的密碼表並能夠關注其規則性，就能發現此次用的是 ROT13 方法，就知道該如何反推回原文了。

圖 6-15 凱撒密碼以及 ROT13

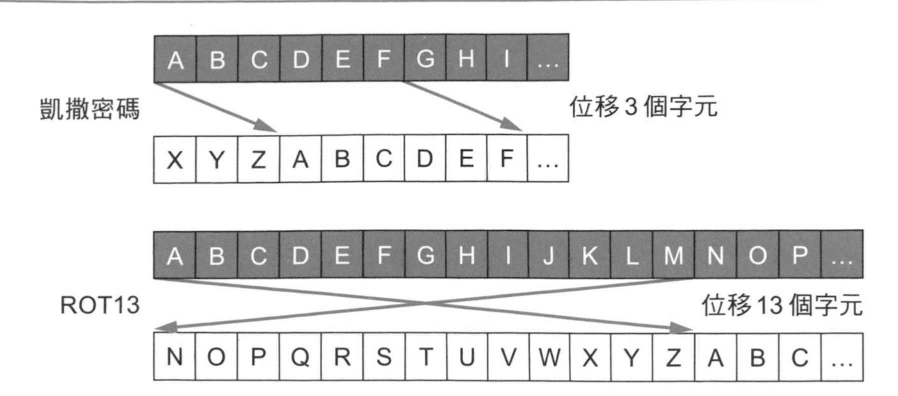


圖 6-16 破譯密碼的範例

**[密文]**

tbireazrag bs gur crbcyr, ol gur crbcyr, sbe gur crbcyr,
funyy abg crevfu sebz gur rnegu

| 字元 | a | b | c | d | e | f | g | h | i |
|---|---|---|---|---|---|---|---|---|---|
| 次數 | 3 | 8 | 7 | 0 | 5 | 2 | 7 | 0 | 1 |

| 字元 | j | k | l | m | n | o | p | q | r |
|---|---|---|---|---|---|---|---|---|---|
| 次數 | 0 | 0 | 1 | 0 | 2 | 1 | 0 | 0 | 14 |

| 字元 | s | t | u | v | w | x | y | z |
|---|---|---|---|---|---|---|---|---|
| 次數 | 3 | 1 | 7 | 1 | 0 | 0 | 5 | 2 |

**[原文]**

government of the people, by the people, for the people,
shall not perish from the earth
（林肯的蓋茲堡演說）

## Point

- 利用字母排序的特性，位移固定字母數量對其加密的方法有凱撒密碼以及 ROT13
- 如果只是簡單的密文，可以試著分析單字在文章當中的出現頻率來反推回原文

# 對系統開銷小的加密方式

## 用相同的金鑰進行加密和解密

凱撒密碼是運用同 1 組金鑰（移位的字數）進行加密和解密。不同於如此簡單的加密手法，使用相同金鑰進行加密和解密的方式稱為**共享金鑰加密法**（對稱式加密法）（圖 6-17）。一旦金鑰被他人取得便能用於解密，進而加密金鑰的方式也被稱為是**私密金鑰加密法**。

共享金鑰加密法**易於實作，可快速執行加密和解密**。若是因為加密的檔案容量，而花費了大量的計算時間反而顯得效率不彰，要注意到效率的重要性。有如凱撒密碼是逐字處理的手法，逐位元加密的方法被稱為「串流加密法」。在現代密碼學當中除了串流加密法，還經常使用以一定長度（區塊單位）進行加密的「區塊加密法」，其中最為人知的有 DES、3DES、AES 等方法。

## 如何安全地將金鑰交給對方？

透過網路要聯絡的對象可能與我們距離遙遠，因而衍生出如何將金鑰安全地交給對方的問題。這稱為**金鑰分配問題**。如果在網路平台上傳送未曾加密過的金鑰，有被他人竊取的風險，因此需要採取其他解決方案。

可以用親自面交或是郵件寄送等其他想得到分配的方式，但隨著傳送人數的增加，就需要準備相同人數的金鑰。這不僅是分配困難而已，這些數量本身就是個問題。

1 種金鑰可供 2 個人使用，但如果 3 個人分別使用不同的金鑰進行傳送，則需要 3 種不同的金鑰。金鑰的數量會隨著使用人數的增加而暴增，4 個人需要 6 種金鑰，5 個人增加到需要 10 種金鑰，因此需要能夠妥善管理如此龐大數量的金鑰的措施（圖 6-18）。

圖 6-17 公開金鑰加密

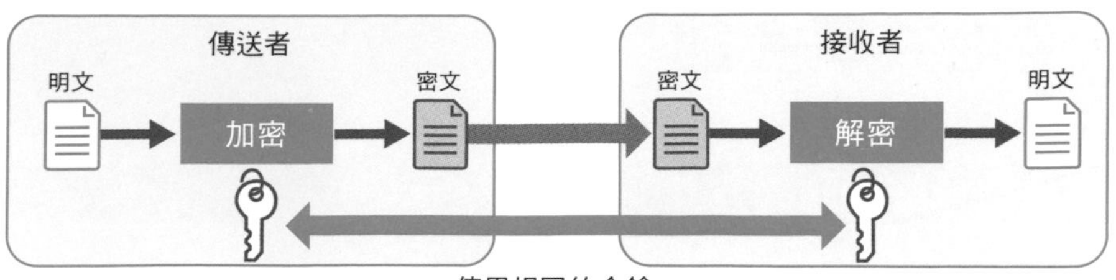


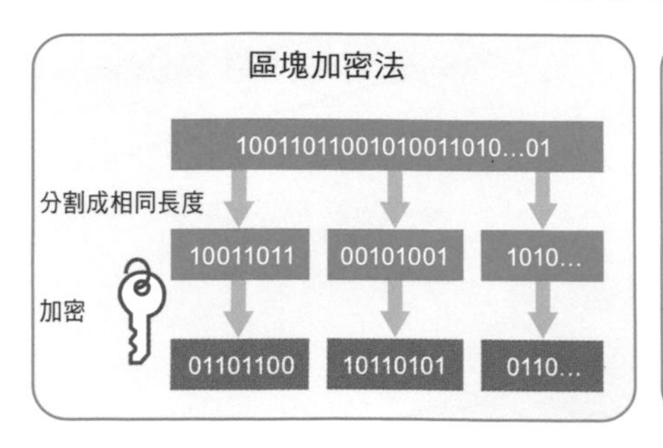


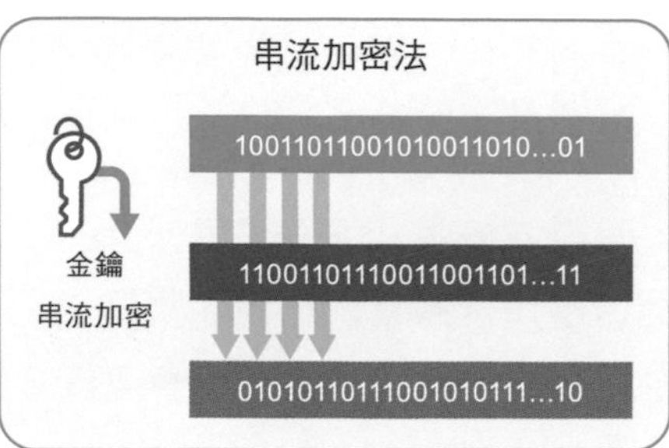


圖 6-18 金鑰成對的數量

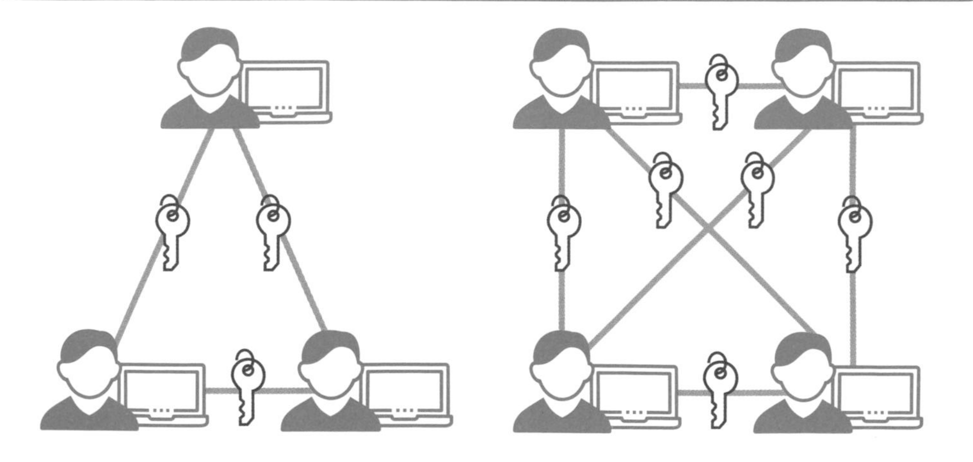

## Point

- 運用同 1 組金鑰進行加密和解密，稱為公開金鑰加密的方法
- 在現代密碼學當中最常使用區塊加密法
- 公開金鑰加密當中衍生分配金鑰給對方的問題，稱為金鑰分配問題

# 安全地共享金鑰

## 解決金鑰分配問題的方案

可以解決金鑰分配問題的方式是 **Diffie-Hellman 密鑰交換**。雖然名稱上有交換密鑰這個字眼，但實際上並沒有交換密鑰的行為，而是**各自透過計算後生成共享的密鑰**，因此也稱為 Diffie-Hellman 共享密鑰。

例如，假設 A 先生和 B 先生想要擁有共享對稱式加密的密鑰。此時，它的特色在於不是直接傳送共享的密鑰，而是雙方透過計算共享的隨機值生成進行交換的密鑰。生成密鑰的具體步驟，請參照圖 6-19 所示。

## 第三者看不懂的算式

雙方先各自隨機生成一個計算值。A 先生得到的是 5，B 先生得到的是 6。將各自生成的值視為是祕密值，不能透露給對方知道。

接著要需要用質數 $p$ 和小於它的 $g$ 值，當作是共享的密鑰。再將其分享給兩人。要盡可能選擇使用比較大的數字，在此設定 $p$=7，$g$=4。

此外，用各自的隨機值計算 $g$ 的乘冪，將除以 $p$ 的餘數回傳給對方。對方用接收到的餘數代入公式，求出除以 $p$ 的餘數。結果證明雙方會得到相同餘數，而此餘數就是共享的密鑰。而這次求出的餘數為 1（圖 6-20）。

因為它是非公開的共享密鑰，不會被外人所知，即便是被外人知道公鑰，也會因為不知道雙方各自持有的祕密值，而無法求得共享密鑰的規則。

圖 6-19 Diffie-Hellman 密鑰交換

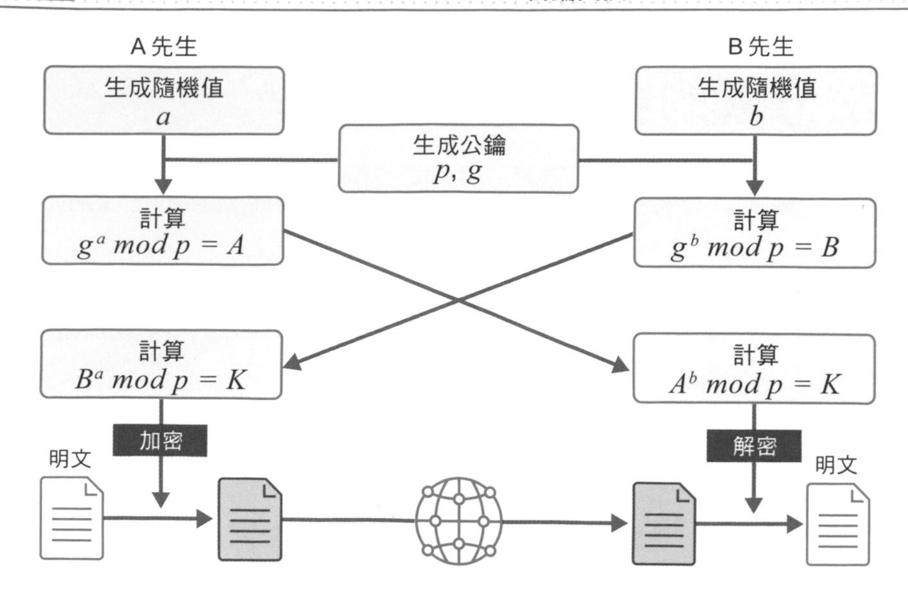


圖 6-20 共享密鑰的計算範例

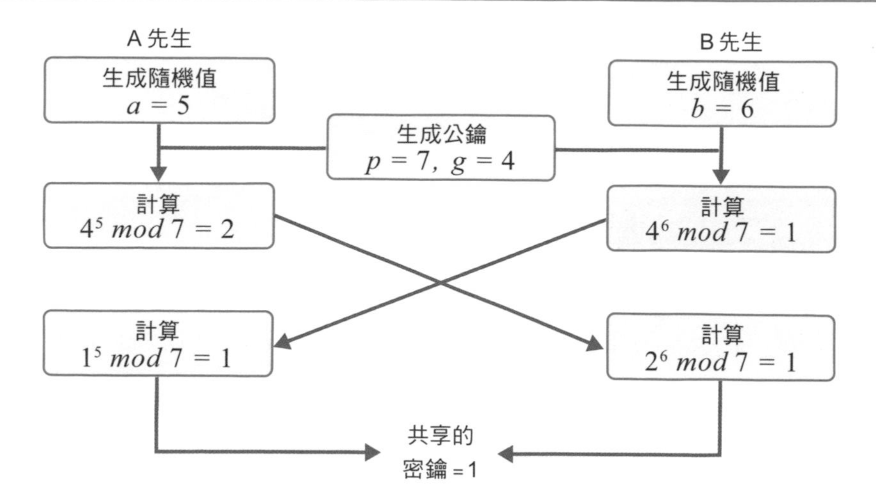


## Point

- Diffie-Hellman 密鑰交換是用於解決金鑰分配問題的方案
- Diffie-Hellman 密鑰交換是使用公鑰生成的值計算餘數，並生成共享密鑰的手法

# 利用極大整數之質因數無法分解的特性

## 公開金鑰加密的原理

Diffie-Hellman 密鑰交換是生成對稱式加密的密鑰，還有使用**不同密鑰進行加密和解密**的是**公開金鑰加密**（非對稱式加密）的方法。用於加密和解密的密鑰不是個別獨立的形式，而是產生一對不同的密鑰，其中一把公鑰可對外公開。而另一支私鑰，除本人以外必須對任何人保密。

例如，當 A 先生向 B 先生傳送資料時，B 先生準備了一對公鑰和私鑰，並對外公開公鑰。A 先生使用 B 先生的公鑰對資料進行加密，並將密文傳送給 B 先生。B 先生用自己的私鑰對收到的密文進行解密後得到原始資料。此時，由於只有 B 先生知道私鑰，即使密文被外人竊取，也不會被解密（圖 6-21）。

公開金鑰加密的方式，**只需要個別準備兩支密鑰（公鑰和私鑰），即使接收對象的人數增加，需要準備的密鑰數量也不會增加**。當傳送密文時，接收端只需要一把公鑰即可，不會像共享金鑰加密法有如何傳遞金鑰的問題。

## 我們經常會使用的手法

最具代表性的公開金鑰加密的演算法是 **RSA 加密演算法**（圖 6-22）。RSA 是取開發者姓名字首來命名的演算法，它的安全性建立於對極大整數之質因數分解的難度上。相較於 Diffie-Hellman 密鑰交換，RSA 加密演算法的優勢在於還可以用於數位簽章。

質因數分解在於分解質數的乘積，例如 6=2×3 而 8=2×2×2。數字較小則分解簡單，但如果是分解像 10001=73×137 的數字，就會變得相當困難了。倒過來相乘雖然容易，但卻難以對其分解。

圖 6-21 公開金鑰加密

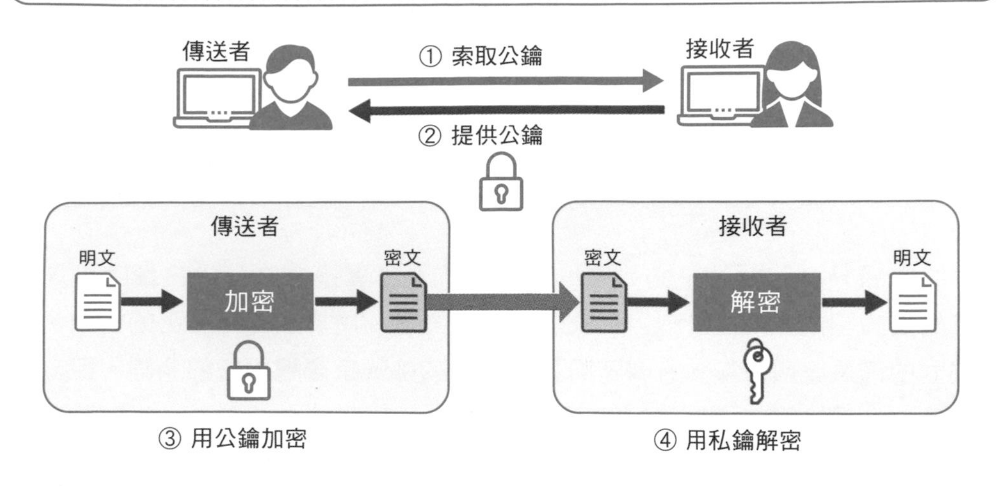


圖 6-22 RSA 加密演算法

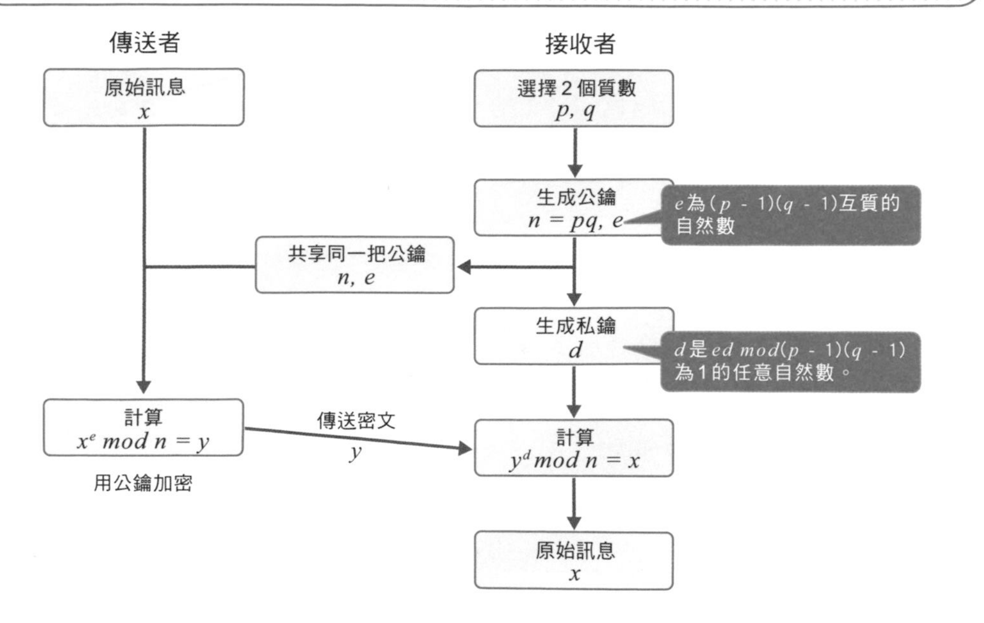


## Point

- 使用一對密鑰進行加密和解密的方法稱為公開金鑰加密
- 利用極大整數之質因數難以分解的特性做為公開金鑰加密的手法是RSA加密演算法

# 用較短的密鑰長度確保安全性

## 完善密鑰長度過長的問題

RSA 加密演算法的原理雖然簡單，伴隨著電腦效率快速化密鑰的長度也變得越長。目前的主流是 2048-bit，但據說到 2030 年若不提升到 3072-bit 就無法保障安全性。由於**位元數的增加意味著需要更大量的時間來處理加密的過程**，近來開始使用名為**橢圓曲線密碼學**的加密手法。橢圓曲線密碼學並不需要分解質因數，而是使用圖 6-23 當中名為橢圓曲線的曲線。它是重複畫 P 點切線與橢圓曲線的交點，將交點對稱於 y 軸位置的方式，可以簡單求得第 $n$ 個 P，但要從 P 和第 $n$ 個 P 的位置反向求出 $n$ 是相當困難的問題。

根據 NIST（美國國家標準暨技術研究院）頒布的 SP800-57（密鑰管理建議項目），224~255-bit 橢圓曲線密碼與 2048-bit 的 RSA 加密演算法具有同等的安全性，而且優點在於使用更少的位元數。

## 花更少的時間解密

由於電腦性能的提高或是私鑰的洩漏使得加密的內容被破壞，處於不安全的狀態稱為**安全威脅**（圖 6-24）。例如與演算法相關的有「加密演算法的 2010 年危機」，NIST 要求從 2010 年開始停用 1024-bit 的 RSA 加密演算法，改使用 2048-bit 的密鑰，以及要求將 MD5 或 SHA1 的雜湊函數改用 SHA-256。

換言之，**以前被認為有足夠安全性的東西由於電腦性能的提高而縮短解密時間**。不久的將來可能會再發生同樣的事情。此外，當量子電腦投入實際應用時，RSA 加密演算法和橢圓曲線密碼學在未來可能很容易被破解。如果私鑰洩露或密碼被盜用，則稱為金鑰安全威脅，這也是安全威脅的一部分。

圖 6-23 橢圓曲線密碼學

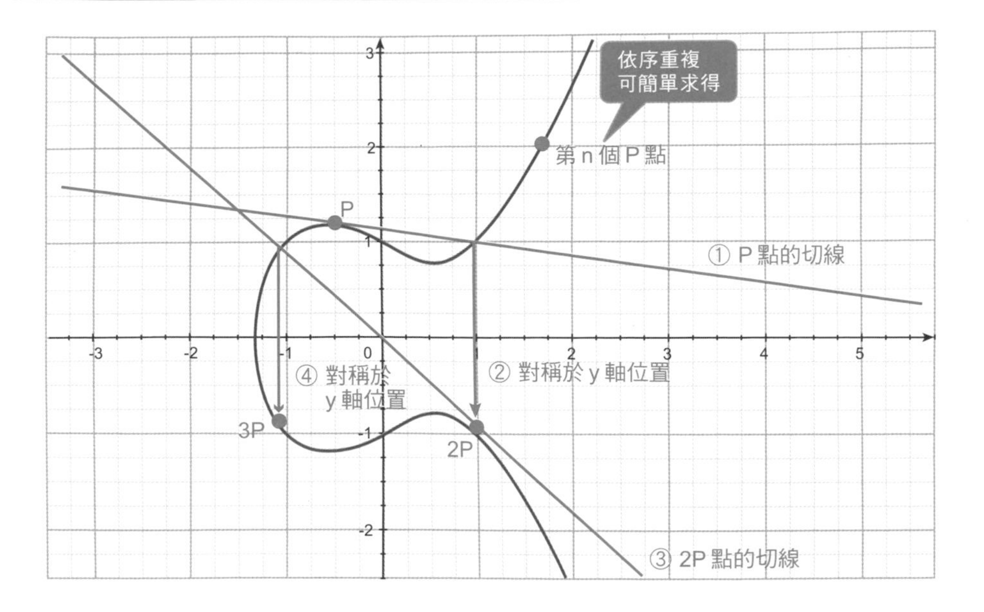


圖 6-24 安全威脅的解釋

| 出現・開發<br>新的攻擊方式 | 電腦性能<br>的提升 | 密碼的<br>遺失・竊取 |
| --- | --- | --- |

## Point

- 橢圓曲線密碼學的特徵在於密鑰長度比 RSA 加密演算法更短
- 即使現在是安全的加密方式，隨著時代的進步而變得容易被破解的狀態稱為安全威脅

# » 使用在社群網站的演算法

## 顯示用戶感興趣的話題

Facebook 不只有按照時間排序顯示用戶的貼文而已，還依序按照用戶可能感到興趣的內容加以顯示。像是分析用戶的瀏覽紀錄、曾經閱覽過的媒體內容（影片、圖片、文字等）來判斷是用戶「可能感到興趣」的內容。據說是運用其他用戶貼文的人氣多寡而來的。

Twitter 也提供優先顯示最新貼文，以及在上方顯示用戶喜歡的貼文服務。即便自己不是該用戶的追蹤者，也會顯示有被其他用戶「點讚」或轉發的貼文。此外，還推出追蹤「Topics」的新功能，會主動顯示用戶感興趣的內容（圖 6-25）。

由於上述這些演算法目前沒有被公開，並不清楚其中詳細的內容。但以社群網站之名行推廣目的之實，**讓企業端的推播內容吸引到更多的關注，需要搭配各自不同的巧思**。除了定期發文以外，也經常使用廣告投放和訂閱制等手法來提升曝光率。

## 我的朋友的朋友的朋友

世界上任何兩個人，只需要少數的中間人，就能**與世界的每個人在 6 步內相互建立起連結**的概念，稱為六度分隔理論（圖 6-26）。

比如 A 先生有 23 個朋友，而他的朋友也有 23 個朋友，則 $23^6$=148,035,889 人。這已經超過日本國內總人口數了。

大部分的人所認識的朋友人數都超過 23 人，假設朋友是 45 人的話，就是 $45^6$= 83 億，就等於超過世界總人口數了。

圖 6-25 社群網站顯示貼文的順序

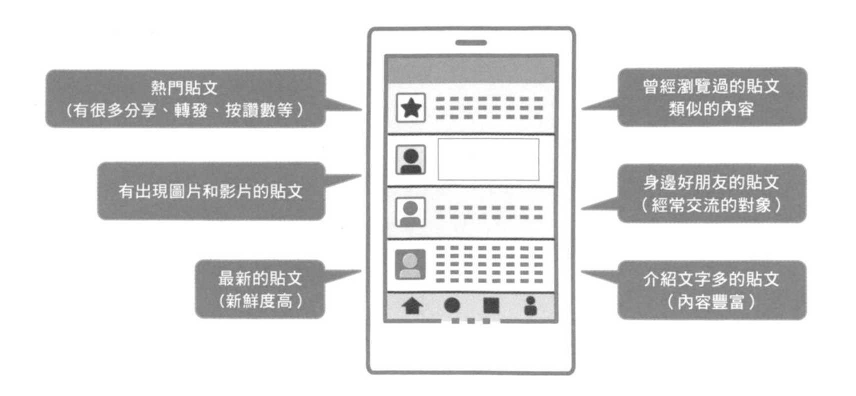


圖 6-26 六度分隔理論

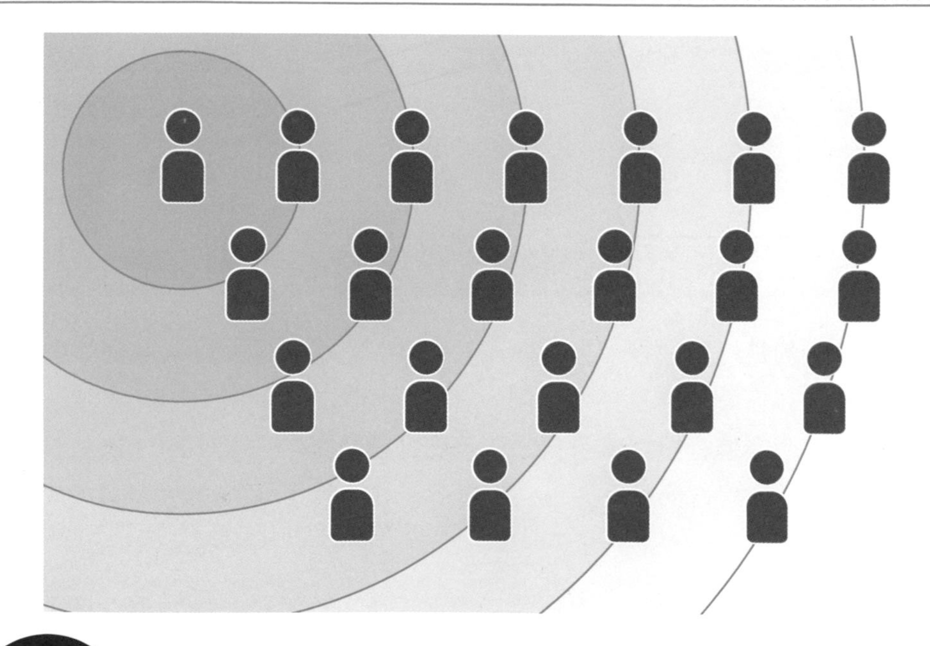

**Point**

- 社群網站不是只有按照時間排序顯示而已，是透過 AI 的演算法計算各種條件才決定其顯示排序
- 如果與朋友的朋友建立起連結，只需要 6 步的距離就能輕鬆超過日本總人口數了

# Google 使用的演算法

## 外部連結數量多的網站相對可靠

我們時常會看到書籍和論文的結尾有引用「參考文獻」的資料。也就是說，如果是相當受到關注的論文或是很受到重視的論文，會被其他論文加註參考文獻出處。被他人所引用的次數稱為引用數。此外，引用數越多的論文反而會被認為比原論文還重要。將此概念實現於網站，並且用在 Google 搜尋的方法是**網站排名演算法**（圖 6-27）。

分析眾多公開於網路世界的網站和網站間的連結數量，就是反向連結的數量，可根據反向連結的數量來判斷網站的價值高低。當用戶在搜尋引擎中輸入某個關鍵字時，網站排名演算法是會顯示有出現該關鍵字的**搜尋結果中名列前茅的網站**，協助用戶快速地搜尋出想要的內容而引起相當大的關注。

## AI 決定媒體內容的相關性

即使用戶輸入的是媒體內容以外的搜尋關鍵字，它會試圖去理解關鍵字的語義，並且顯示符合該語義的包括任何相關內容的頁面稱為 **Rank Brain** 演算法。**只需輸入相關的幾個字進行搜尋就會自動顯示出搜尋結果**的方式，用戶無需修改關鍵字並重新搜尋，非常方便用戶使用。而這背後暗藏的正是 AI 自主學習的成果（圖 6-28）。

它會自動學習眾多位用戶輸入的搜尋關鍵字，運用自然語言認知用戶真正想知道的語意，並顯示精準的搜尋結果。雖然具體內部運作的演算法並未公開，但我們已經感受到它透過分析使用者的搜尋需求，不斷改進其預測的結果提供更優質的搜尋體驗。

圖 6-27 網頁排名演算法

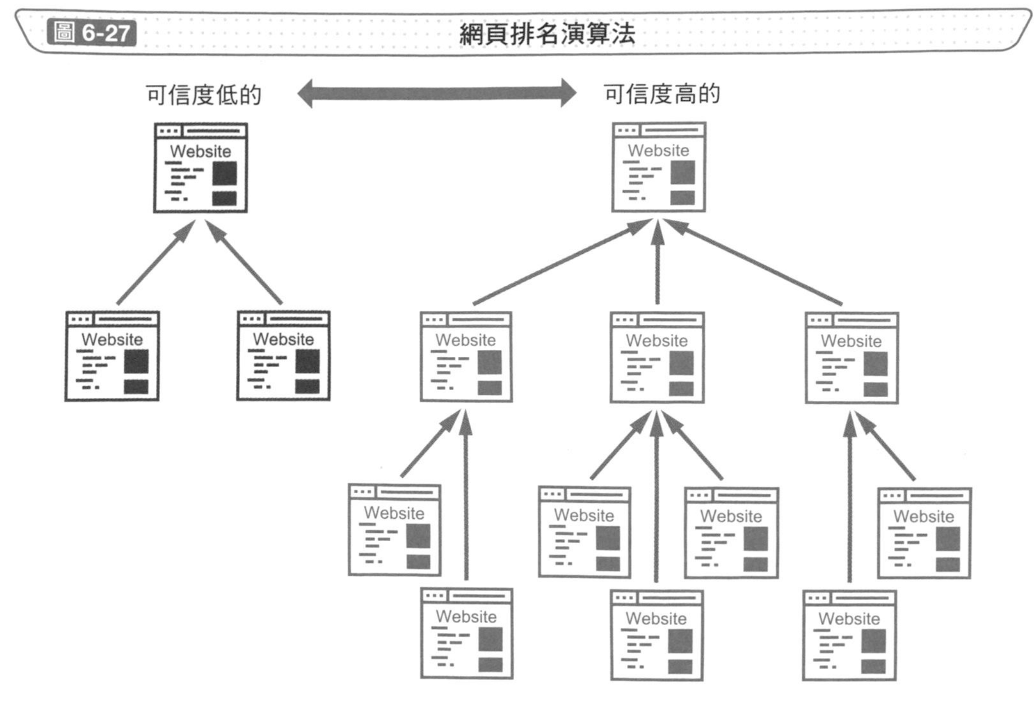


圖 6-28 RankBrain 的範例

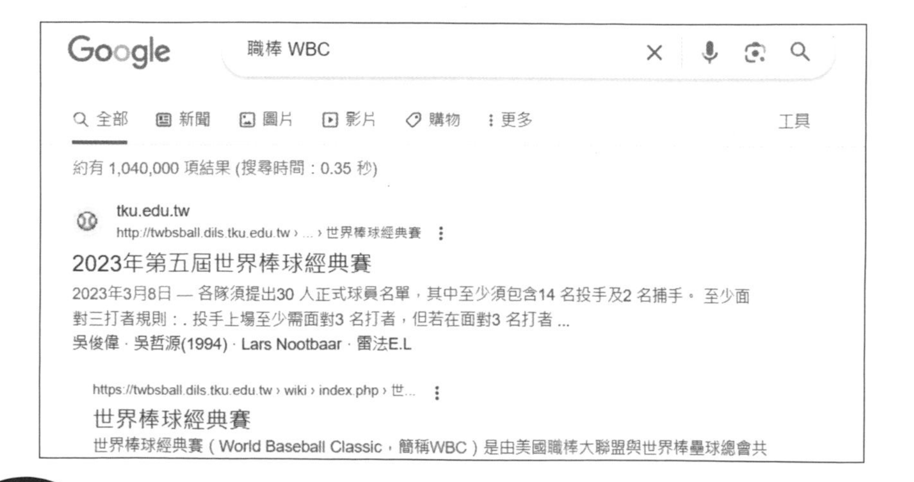


## Point

- 基於反向連結的數量判斷網頁重要性的方法稱為網頁排名演算法
- RankBrain 的技術是會顯示與用戶輸入的關鍵字有相關的搜尋結果

# 從未知數中做出決策

## 測試兩個版本的成效

當要設計一個新網站時，有時您會猶豫如何從多個設計案當中選出最洽當的方案。此時，不需要透過開會討論，而是**實際發佈 2 個測試版本的網站，並採用有良好轉換率**※1**的版本**是 A/B 測試的方法（圖 6-29）。

利用網站負載壓力測試等工具對特定網頁進行訪問流量的測試，可以幫助判別不同設計版本的優化結果。

## 加強期望回報使效益最大化

A/B 測試雖然方便我們使用，但它只適合用於收集一定期間的分析資料。換言之，需要經歷一段發酵期才能得到結論，而這段發酵期可能會流失原本應有的訪問購買量。

現實生活中，每個人都希望在有限的機會內做出對自身效益最大的選擇。因此，吃角子老虎演算法是**用機率找出最佳版本，並將更多的流量分配給效果最佳的方案**。它會在分析（搜尋）情報的同時改變要採取的行動（圖 6-30）。

試想我們在店家的收銀機前排隊結帳的情況。想知道要排在哪一台收銀機的前面結帳速度會最快，每台收銀機各實際測試 10 次計算平均的結帳速度是 A/B 測試的概念。此方式也許有辦法找到結帳速度最快的收銀機，卻也浪費很多排隊的時間在結帳速度慢的收銀機。

而相對的，吃角子老虎演算法是專門挑選結帳速度最快的收銀台，避免浪費時間在結帳速度慢的收銀機進而達到效益最大化的方式，但有可能會錯失「真正結帳速度最快的」收銀機。兩者各有千秋，建議按照需求選擇適合的方法。

※1 網路商店購物、註冊社群平台會員、官網的討論區提問等訪客進入網站瀏覽、並採取所需行動的訪客百分比。

**圖 6-29** **A/B 測試**

哪個版本賣的數量多？

A版本

購入

購入

B版本

**圖 6-30** **吃角子老虎演算法**

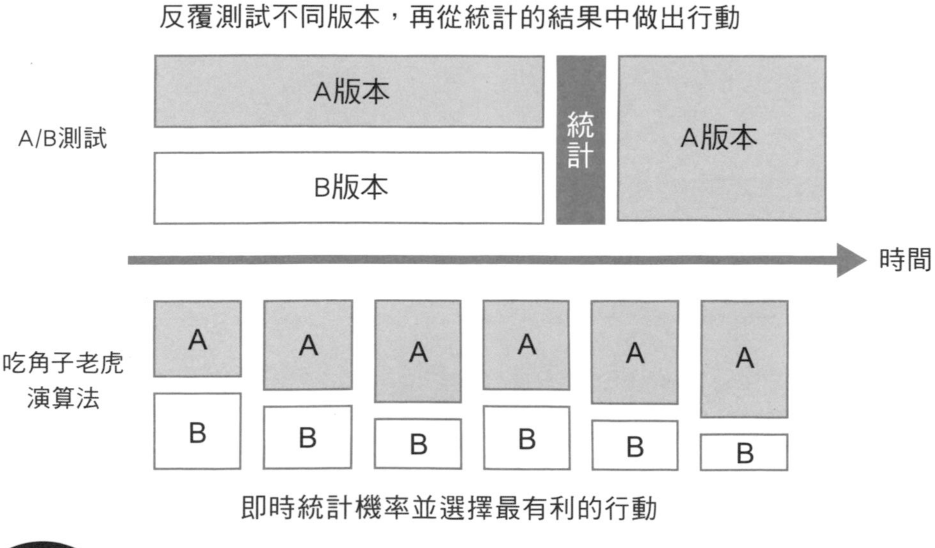

反覆測試不同版本，再從統計的結果中做出行動

A/B測試

A版本

B版本

統計

A版本

時間

吃角子老虎演算法

A A A A A A

B B B B B B

即時統計機率並選擇最有利的行動

## Point

- 實際測試多個版本的方案，依結果做出決策的手法是 A/B 測試
- 吃角子老虎演算法是用機率找出最佳版本，並將更多的流量分配給效果最佳的方案

# 訪問所有城市的最小路徑成本

## 求出最短的移動距離

隨著輸入範圍的增加而需要龐大的執行時間而知名的演算法是**旅行推銷員問題**。它是給定一系列城市及任兩個城市間的距離，**求解訪問每個城市一次並回到起始城市的最短路線的問題**。

如圖 6-31 所示為 A、B、C、D，4 個城市之間的距離。當 A → B → C → D → A 移動時，則移動距離會是 31。另一方面，如果是 A → C → B → D → A 的移動方式，則移動距離為 28，就是其最短路徑。

如上例所示，如果只是 4 個城市的數量，可以用人工的方式確認所有的內容，但是隨著訪問城市的增加，其路線數也會跟著劇增。如果有 $n$ 個城市，要訪問的第 1 個城市有 $n$ 種狀態，接著剔除起先選擇的城市會有 $n$-1 種狀態，之後依序遞減，因此整體的複雜度會是 O($n$!)。

## 依序求解更有效率的排程

類似上述問題的還有**工作排程問題**。當中類似像門診護士的人力調派，依照需求的條件（相關證照、公平性等）特性的排班方式稱為護士排班問題。此外，考量工作站的作業程序安排機台和作業員，規劃更有效率的作業排程問題，如圖 6-32 所示的零工式排程問題，流水線排程問題等。

它們的問題都在於數量不多可以透過人工的方式解決，一旦增加則會牽動要計算的數量。因為它的計算複雜度很高，而被歸類為與旅行推銷員問題相同難度的問題。

圖 6-31 旅行推銷員問題

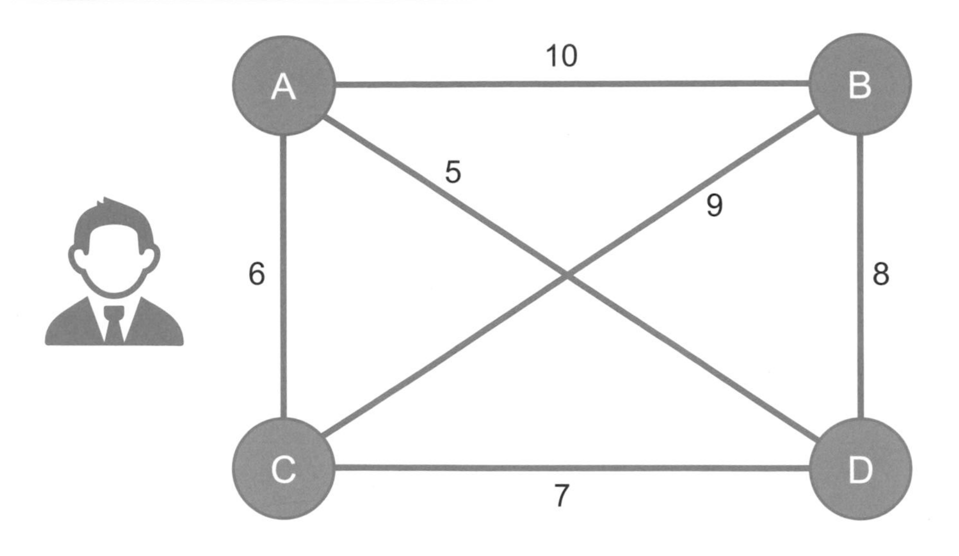


圖 6-32 零工式排程問題

| 排程 | 機台（作業時間） | | |
|---|---|---|---|
| $J_1$ | $M_2(5)$ | $M_1(4)$ | $M_3(4)$ |
| $J_2$ | $M_1(2)$ | $M_3(5)$ | $M_2(3)$ |
| $J_3$ | $M_2(3)$ | $M_3(2)$ | $M_1(5)$ |

處理的順序

保持排定的處理順序
花費的工時會最省時

| 機台 | 1 | 2 | 3 | 4 | 5 | 6 | 7 | 8 | 9 | 10 | 11 | 12 | 13 | 14 | 15 |
|---|---|---|---|---|---|---|---|---|---|---|---|---|---|---|---|
| $M_1$ | $J_2$ | $J_2$ | | | | $J_1$ | $J_1$ | $J_1$ | $J_1$ | $J_3$ | $J_3$ | $J_3$ | $J_3$ | $J_3$ | $J_3$ |
| $M_2$ | $J_1$ | $J_1$ | $J_1$ | $J_1$ | $J_1$ | $J_3$ | $J_3$ | $J_3$ | $J_2$ | $J_2$ | $J_2$ | | | | |
| $M_3$ | | | $J_2$ | $J_2$ | $J_2$ | $J_2$ | $J_2$ | | $J_3$ | $J_3$ | $J_1$ | $J_1$ | $J_1$ | $J_1$ | |

## Point

- 訪問每個城市一次、並回到起始城市的最短路線問題，是旅行推銷員問題
- 與旅行推銷員問題相同，隨著數量的增加求解難度也隨著增加的問題，還有工作排程問題

# 放入物品的價值總和最大化

## 價值總和最大化的難度

背包問題是假設要放入物品的組合越多變，其複雜度會隨之增加的典型問題。它是**每個物品都有各自的重量和價值，在限定的總重量內該如何選擇，才能使得放入背包物品的價值總和最大化**的問題。

例如圖 6-33 所示有 5 個可供選擇的物品。而背包能容納的重量上限可達 15 公斤，我們如何選擇放入能讓價值總和最大化的物品。假如優先選擇價值最高的物品放入背包，D 和 E 的重量是 14 公斤不會超過容納總重，此時得到的價值總和是 800 日元。但是選擇 B、C、D，3 個的物品同樣是 14 公斤的重量，得到的價值總和會變成是 1100 日元。

在限定的總重量內，選擇放入 A、C、E，3 個的物品價值總和是 1500 日元，選擇 3 個 C 的物品價值總和是 1800 日元，選擇 7 個 A 的物品價值總和是 2800 日元（圖 6-34）。

## 1 次只能選擇 1 個

基於上述的案例，若是設定每種物品只能選擇 1 個的條件，問題就會變得相對簡單些。如上述要計算的物品不超過 5 個，只能選擇 A 或是 B 的情況而言，$n$ 個物品會有 $2^n$ 種可能性要考慮，所以複雜度是 $O(2^n)$ 的演算法。這種只能單選 1 個物品的問題稱為 **0-1 背包問題**，還有其他相同型態求其最佳解的演算法。

依上述，選擇 A、C、E 的價值總和最大。在限定的總重量內放入的物品價值總和是 1500 日元（圖 6-35）。

只要是多項式時間可解的問題，依目前的電腦處理能力都能求出一定程度的解，如果是 $O(2^n)$ 指數時間演算法的話，只要 $n$ 有稍微變大，其運行時間就會大幅度地增加，因此請務必多加注意。

圖 6-33 背包問題的範例

| 物品 | A | B | C | D | E |
|---|---|---|---|---|---|
| 重量 | 2 公斤 | 3 公斤 | 5 公斤 | 6 公斤 | 8 公斤 |
| 價值 | 400日元 | 200日元 | 600日元 | 300日元 | 500日元 |

圖 6-34 背包問題的解答範例

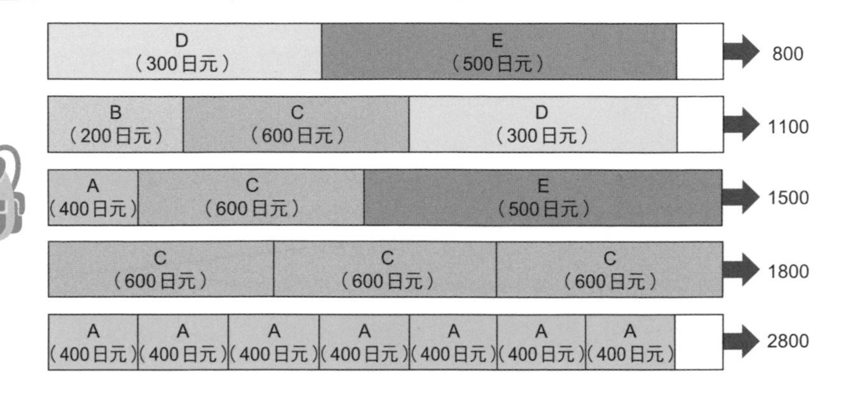


圖 6-35 0-1 背包問題的解答範例

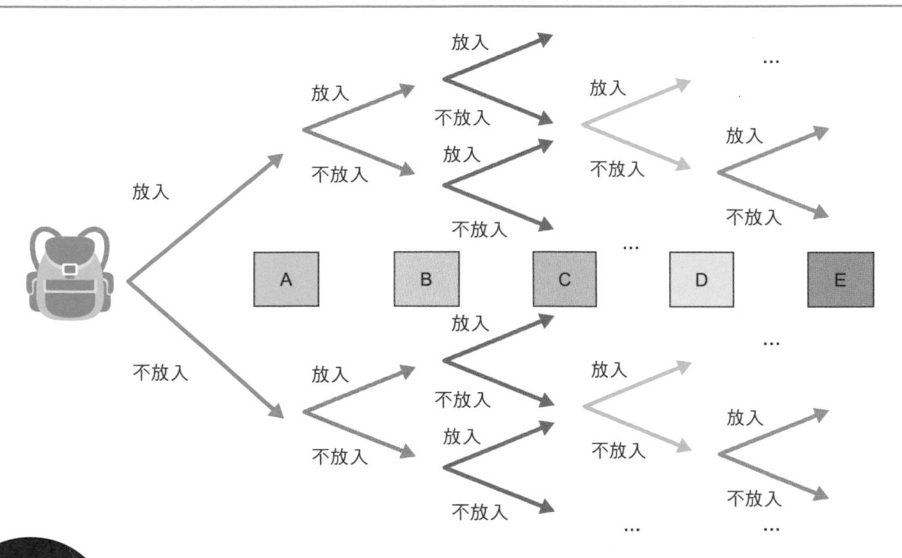


## Point

- 在限定的總重量內選擇放入背包的價值總和最大化問題，稱為背包問題
- 只能單選 1 個物品的問題稱為 0-1 背包問題

# 無解的演算法

## 極為簡化的電腦

打破我們認為要用電腦求解的問題，需要特定的設備或者程式語言才能夠實現的刻板印象。將「電腦能夠解決問題嗎」的疑問，換作是「電腦如何實現數學運算的演算法」。

於是**簡化電腦運算的步驟，並實現任何複雜的計算模型**被稱為是圖靈機，它意味著解決問題的演算法之所以存在，皆來自於圖靈機計算解答而停止的狀態。

圖靈機的結構如圖 6-36 所示，磁帶上劃分一個個的方格，讀寫頭會一次一格在磁帶上左右移動，並讀取和寫入磁帶上的符號來進行運作。其結構非常簡單，但足以實現在電腦中的演算法。

## 判別停止的程式

在設計程式的過程當中，若是有賦予不正確的指定條件，而發生無窮迴圈的情況時，只能強迫關閉程式否則不會停止。

確認該程式是否會有無窮迴圈的錯誤，判定「某個程式會不會自己停止」的條件是停機問題（圖 6-37）。

事實上，**判定任意一個程式會自己停止（不會無窮迴圈）的程式是不可計算性的，也就是可以解決停機問題的通用演算法並不存在**，就是用圖靈機來證明此論點。

圖 6-36 圖靈機

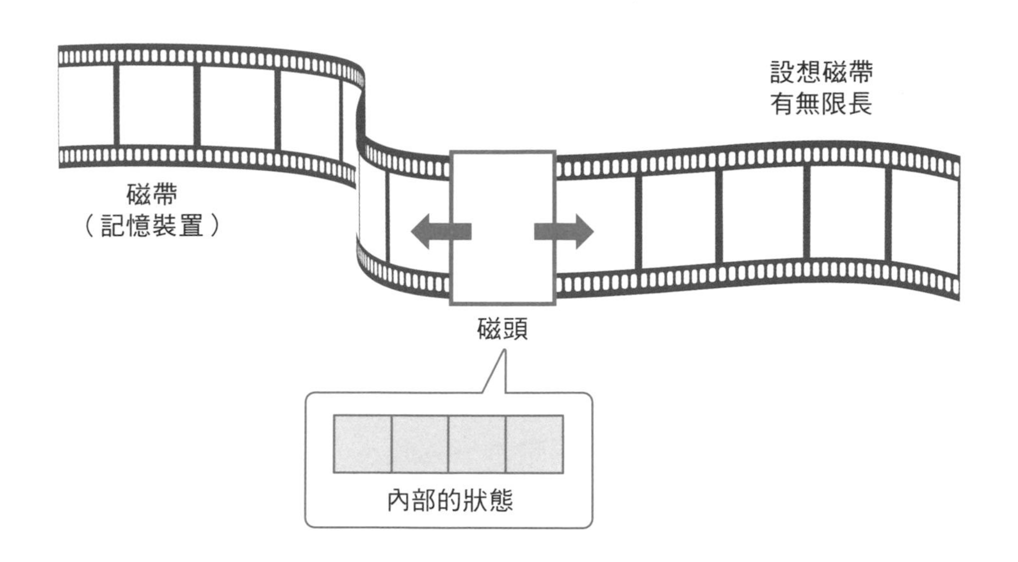

圖 6-37 停機問題

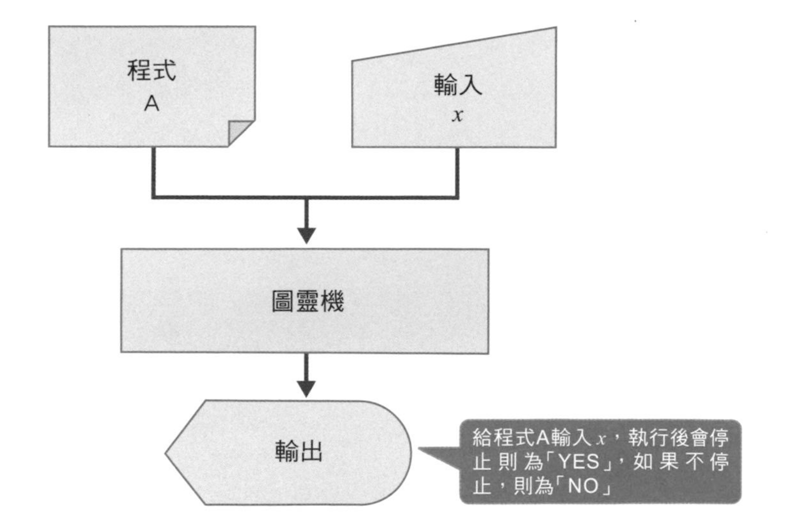


**Point**

- 圖靈機是簡化電腦運算步驟的模型
- 停機問題是思考任意一個程式會停止或永遠執行的問題

# 答對可贏得 100 萬美元？的超級難題

## P 問題等於 NP 問題嗎？

當想到用演算法來解決某個問題時，**可用多項式時間複雜度來解決的演算法**被稱為 **P 問題**。換句話說，也有最壞的時間複雜度是 $O(n)$ 和 $O(n^2)$，$O(n^3)$ 等的演算法。它是當 $n$ 變大到某種程度時需要相當時間求解，但實際是可被解決的問題（圖 6-38）。

另一方面，像旅行推銷員問題這類的問題，已知有其他演算法比 O($n$!) 的效率高，但是十分快速（多項式時間可解決）的演算法還尚未出現，但我們可以用多項式時間來驗證答案是否正確。如上所述，**我們能夠找出問題的解（多項式時間內驗證其解正確性），但不確定可以被多項式時間複雜度的演算法解決**的問題類型，都稱為 **NP 問題**。

一般認為 NP 問題必定包含 P 問題，不確定 P 問題和 NP 問題是否相等。**P ≠ NP 問題**是假設 P 問題和 NP 問題互不相等。它被列為數學界極度重要的未解難題之一，被選為千禧年世紀難題 ※2 之首。許多數學家都有提出 P=NP，P ≠ NP 兩方的論點，但截至目前為止還沒有公佈答案。

## NP 困難和 NP 完全

比所有 NP 問題的難度更高，或是相同難度的問題稱為 **NP 困難**，而既屬於 NP 困難也歸納於 NP 問題的稱為 **NP 完全**（圖 6-39）。

旅行推銷員問題，背包問題，零工式排程問題等問題皆被歸屬於 NP 困難問題。

※2 由美國克雷數學研究所公布的 7 大數學難題。只要解決其中之一個難題便可獲得一百萬美元的獎金，截至 2021 年 10 月仍有六題未解。

圖 6-38 多項式時間

| $n$ | $\log_2 n$ | $n^2$ | $n^3$ | $2^n$ | $n!$ |
|---|---|---|---|---|---|
| 5 | 2.3 | 25 | 125 | 32 | 120 |
| 10 | 3.3 | 100 | 1,000 | 1,024 | 3,628,800 |
| 15 | 3.9 | 225 | 3,375 | 32,768 | 1,307,674,368,000 $=1.3\times10^{12}$ |
| 20 | 4.3 | 400 | 8,000 | 1,048,576 | $2.4\times10^{18}$ |
| 25 | 4.6 | 625 | 15,625 | 33,554,432 | $1.6\times10^{25}$ |

圖 6-39 P 問題、NP 問題、NP 完全、NP 困難之間的關係

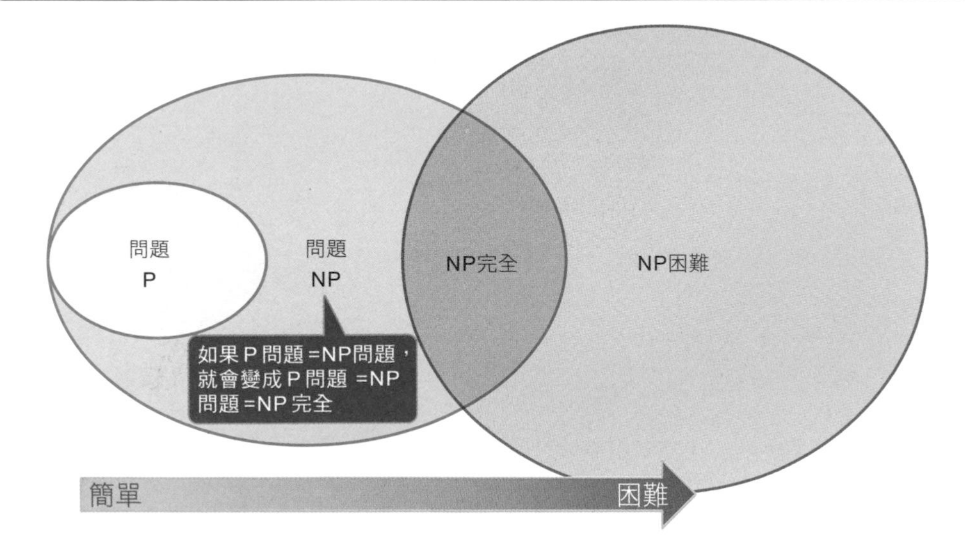


## Point

- 多項式時間演算法可以解決的問題類型被稱為 P 問題。而能夠找出問題的解，但實際上不確定是否能夠解決的問題類型被稱為 NP 問題
- 無法確定 P 問題和 NP 問題是否相等，但是 P ≠ NP 問題是假設 P 問題和 NP 問題互不相等

## 試試看

### 如何計算今年的「開運方位」？

近來關西地區流行節分吃惠方卷的習俗已經深入到關東一帶，每年讓人最想知道的是「今年應該向著什麼方位（惠方）吃呢？」。

看到「南南東」會以為是量測很精準的方位，但它只有下表當中的五個方向而已（實際是四個），並且是對應西曆來決定當年的開運方位。

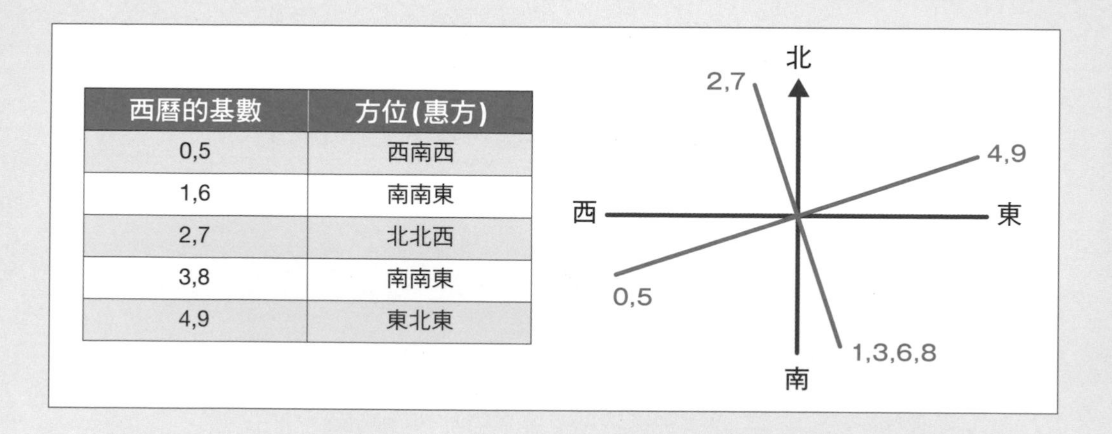

| 西曆的基數 | 方位(惠方) |
|---|---|
| 0,5 | 西南西 |
| 1,6 | 南南東 |
| 2,7 | 北北西 |
| 3,8 | 南南東 |
| 4,9 | 東北東 |



有很多方法可以用來編寫該方位的計算程式。我們要先找出西曆的基數。可將西曆視為字串並取出最右邊的字元，或者以西曆為數字除以 10 求解餘數等方法。

接著用此基數對應出各個所在方位時，除了設計 10 個條件分支的程式以外，也可參考以下採用陣列將西曆除以 5 的求解方式。請試著思考還有什麼方法能夠寫出簡潔的程式。

```
year = 2021            # 設定年份
ehou = ["西南西", "南南東", "北北西", "南南東", "東北東"]
print(ehou[year % 5])  # 輸出對應年份的方位
```

# 詞彙集

[「➡」後方的數字代表本書相關章節]

依英文字母排列

**α β 剪枝法** (➡ 4-14)

應用於人類與機器對局的兩人遊戲，排除對方不會採取的行動減少搜尋的次數可提高運算的效率。

**A* 演算法** (➡ 4-13)

在圖形平面上求解最短路徑時，將許多明顯為壞的路徑排除考慮，進而快速計算出最佳路徑。

**A/B 測試** (➡ 6-14)

在比較多個設計方案時，透過將訪問流量用轉化率等數值來評估更有效的方案。

**B 樹** (➡ 2-18)

節點上存儲多個鍵值，從鍵值可以搜尋子節點屬於平衡樹的資料結構。改良後的有 B+ 樹和 B* 樹。

**B* 樹** (➡ 2-18)

B 樹資料結構的改良版。將 B 樹的葉節點元素的最低利用率從 1/2 提高到 2/3。

**B+ 樹** (➡ 2-18)

B 樹資料結構的改良版。資料只存儲在葉節點，可透過連結葉節點的指標來尋找資料。

**Boyer-Moore 演算法** (➡ 4-16)

由後逆序搜尋字符串，並出現不匹配的情形時，可位移字元來減少判斷的次數來加速字串搜尋。

**CNN** (➡ 5-10)

不使用像素作為辨識影像的特徵變數，以卷積計算找出各種線條特徵進行影像識別之演化深度學習。

**Diffie-Hellman 密鑰交換** (➡ 6-9)

建立雙方共享金鑰，傳遞共享值並使用該值來計算金鑰的生成方式。

**※ElGamal 加密演算法** (➡ 6-9)

基於離散對數的難解性作為公開金鑰加密的演算法。是 Diffie-Hellman 密鑰交換的進階版。

**※Floyd-Warshall 演算法** (➡ 4-12)

解決有向圖中的最短路徑問題時，對所有點的組合使用動態規劃確定最短距離的方法。

**FIFO** (➡ 2-21)

First In First Out 的縮寫。讀取最先存儲的資料，形容佇列等序資料結構。

**GAN** (➡ 5-11)

透過學習特定資料特徵建立新資料的手法，可生成實際不存在的人臉圖像等視覺影像。

**K 平均演算法** (➡ 5-18)

根據初步分群的結果計算每群的中心點，取相近的資料再次計算各群中心點，藉由反覆計算進行分聚的方法。

**KMP 演算法** (➡ 4-15)

由前依序搜尋字符串，並出現不匹配的情形時，可以位移不存在的字元來加速字串搜尋的方法。

**NP 問題** (➡ 6-18)

可以在多項式時間被驗證答案的問題，也是可以在非確定型圖靈機以多項式時間解決的問題。

**LFU** (➡ 2-22)

Least Frequently Used 的縮寫。記憶體的資料群中淘汰訪問次數最少的資料。

**LIFO** (➡ 2-20)

Last In First Out 的縮寫。讀取最後存儲的資料，形容堆疊等序資料結構。

**LRU** (➡ 2-22)

Least Recentrly Used 的縮寫。記憶體的資料群中淘汰使用次數最少的資料。

**Order** (➡ 1-4)

比較多個演算法的執行次數或時間複雜度，忽略常數倍選擇以量級來做粗略的評估符號。

**P 問題** (➡ 6-18)

可解決多項式時間問題的演算法。視問題的輸入規模是可以被解決的。

**RankBrain** (➡ 6-13)

能夠識別搜尋引擎輸入的關鍵字的含義，並且顯示與其含義相匹配的搜尋結果。

**ReLU 函數** (➡ 5-10)

若值為正數，則輸出該值大小，若值為負數，則輸出為 0 的激勵函數之一。具有可以減輕誤差反向傳播中的梯度消失問題的特點。

**RNN** (➡ 5-10)

一種隨時間推移預測時間序列架構的深度學習演算法。機器翻譯和語音辨識等領域也引起非常高度的關注。

**※ROC 曲線** (➡ 5-2)

評估機器學習的預測效果時，將假陽率和真陽率繪製為圖表所使用的曲線。

**ROT13** (➡ 6-7)

按照英文字母表的順序將 13 個字母用位移的手法對明文進行加密。因為有 26 個英文字母的關係，只要再進行一次加密即可解密。

**RSA 加密演算法** （➡ 6-10）

利用極大整數難以進行質因數分解的難度，對公開金鑰加密的演算法。

**※Softmax 函數** （➡ 5-10）

輸出的預測結果有多個分類，映射為每個向量當中的元素都位於 (0, 1) 之間的函數，代表著每個分類的機率分佈。

**S 型函數** （➡ 5-8 • 5-10）

平滑曲線可以任意將 x 坐標從 0 轉換為 1 的函數。它經常當作邏輯迴歸分析和神經網路的活化函數使用。

## 依中文筆劃排列

**二分搜尋法** （➡ 4-4）

取已排序資料的中間索引的值，來確認是否為要搜尋的數，若不是，將已排序過的資料分為兩部分搜尋，資料值要按大小排序以縮短要搜尋的範圍。

**不純度** （➡ 5-5）

表示在決策樹中一個節點存在多少分類資料的比率值。資料分割的越精簡不純度越小。

**中序遍歷** （➡ 4-8）

以深度優先搜尋樹狀的資料結構時會先訪問左子樹然後訪問根節點，最後遍歷右子樹。也稱中序走訪。

**內部排序** （➡ 3-2）

進行排序的資料結構量可以全部放到記憶體中按資料元素重新排序的方式。

**公開金鑰加密** （➡ 6-10）

它是一對公開金鑰和私密金鑰；各使用不同金鑰進行加密和解密。

**尺取法** （➡ 4-10）

反覆推進區間內的左端點和右端點，來求滿足條件的最小區間的方法。

**支持向量機** （➡ 5-7）

作為將數據劃分為多個組時的邊界，一種選擇與每個數據的距離最大化的方法。

**牛頓法** （➡ 5-17）

快速求解方程式近似值的方法。

**主成分分析** （➡ 5-19）

多緯空間中提取高緯度的特徵經過某個函數映射至低緯度作為新的主成分特徵。

**加密** （➡ 6-6）

原始資料為不讓他人讀取將資料加以編碼，為了要確保原始資料不輕易洩漏他人需要高難度的加密法。

**外部排序** （➡ 3-2）

當進行排序的資料結構量過大時，藉由使用外部記憶體空間進行的方式。

**※ 布林可滿足性問題** （➡ 6-18）

命題邏輯關於公式的可滿足性的概念，設定此公式中的變數該為假為真，使得整個布林公式為真。

**平滑化** （➡ 5-12）

取圖像周圍像素的平均值做為處理平滑對比和過濾噪音的方法。

**正規表達式** （➡ 4-17）

是一種用來描述字串符合某個語法規則的模型，可以搜尋相似字串時不需要每次更換字串。

**共用金鑰加密** （➡ 6-8）

一種使用相同金鑰進行加密和解密的加密方法。

**吃角子老虎演算法** （➡ 6-14）

需要在有限的機會內從多個選項中做出最佳決定時，即時計算機率分布使獲得收益最大化。

**合併排序** （➡ 3-9）

將兩個已經排序的陣列合併時，從不同陣列之中將元素按大小順序取出排序成一個陣列的方法。

**同位元檢查碼** （➡ 6-4）

加上 1 核對位元做為檢測資料在網絡傳輸的過程中是否受噪音等影響使得 0 和 1 有互換的錯誤。可以檢測出 1 位數字的錯誤。

**回溯法** （➡ 4-6）

類似深度優先搜尋中：一直往前搜尋直到無法往前才終止搜尋。有遇到分岐時折返再往其他方向前進搜尋。

**多智能體系統** （➡ 5-4）

指在強化學習過程中由許多單個智能體組成，個體之間藉由相互合作而共同學習的系統。

**安全威脅** （➡ 6-11）

電腦效能提升或密鑰洩漏，以致加密具危害風險，需要更改演算法或是密鑰長度、重置密碼等措施。

**自動編碼器** （➡ 5-3）

透過多層神經網路架構將輸入轉換成輸出使用，對壓縮輸出的資訊進行還原的部分。

**自組織映射圖** （➡ 5-16）

資料空間中強化學習鄰近輸入值周圍的資料，收集相似資料的方法。它適合用來將多維資料表達為低維資料。

**佇列** （➡ 2-21）

新的資料由末端加入，而由前端移出資料，資料存取的順序為先進先出。多適用於廣度優先搜尋。

**快速排序** （➡ 3-10）

找資料之中間值，將小於中間值放右邊，大於中間值放左邊，再以相同方法分左右兩邊序列，直到排序完成。在實際應用中多認為是很快速的方式。

**決策樹** （➡ 5-5）

機器學習模型使用樹狀結構建立學習的模型，盡量將資訊清楚分割成小型的樹狀結構為佳。

**貝爾曼福特演算法** （➡ 5-11）

用圖形求解最短路徑問題時注重以邊的權重求出路徑。反覆執行直到成本不再更新為止。

**拉普拉斯濾鏡** （➡ 5-12）

使用二階微分從圖像中提取輪廓和邊緣的濾鏡。

**河內塔** （➡ 1-12）

三個圓柱之間如何移動圓盤的遊戲，用來做為訓練規律性的題目。

**波蘭表示法** （➡ 4-8）

將運算符號寫在運算元之前，以樹狀圖而言可思考為前序遍歷的結構。

**非結構化資料** （➡ 1-2）

泛指人類日常生活中使用的文字、聲音、圖片、影像等資料格式，難以在電腦做單一欄位的查詢。

**非監督式學習** （➡ 5-3）

學習從無任何範本資料 ( 訓練資料 ) 中建立模式推測與範本相近的機器學習手法。

**※ 非確定型圖靈機** （➡ 6-17）

對某些特定輸入可以允許一系列動作，而確定型圖靈機對某些特定輸入只允許一個動作。

**信息增益** （➡ 5-5）

作為判斷決策樹分支節點上純度差異的指標值。如果分支的指標值越少，代表信息增益越大。

**前序遍歷** （➡ 4-8）

以深度優先搜尋樹狀的資料結構時，會先訪問根節點然後遍歷子節點。也稱前序走訪。

**後序遍歷** （➡ 4-8）

以深度優先搜尋樹狀的資料結構時，會先訪問子節點然後遍歷根節點。也稱後序走訪。

**背包問題** （➡ 6-16）

有數件重量與價值不一的物品，在不超過背包負重上限的前題下，要決定該放入背包哪些物品使其總價值最大化。

**※ 哨兵** （➡ 4-3）

當作陣列或是鏈結串列的最後一個元素做為判斷是否搜尋完畢的設定值。

**埃拉托斯特尼篩法** （➡ 1-10）

一種能快速求得質數的演算法。以小到大的數字組合中將倍數逐個剔除剩下就是質數，是篩選質數最有效的方法之一。

**旅行推銷員問題** （➡ 6-15）

走訪所有指定城市並找出回到起始城市的最短路徑的問題。若是指定城市越多，其走訪的規模越龐大。

**校驗碼** （➡ 6-4）

用於校驗人工輸入或是條碼編號有沒有錯誤的一種保證。用以檢驗該組數位的正確性，通常可以檢驗出 1 位數字的錯誤。

**氣泡排序** （➡ 3-5）

反覆將兩個相鄰的元素進行比較後，依據大小重新排列。

**神經網路** （➡ 5-9）

模仿人腦神經元從輸入層到輸出層之間發送訊息的結構。一種不斷優化學習結果的方式。

**記憶化搜尋** （➡ 6-1）

記憶函數遞迴運算的結果，再有相同的引數運算函數時可以快取記憶返回。一種動態規劃的手法。

**迴歸分析** （➡ 5-8）

了解多個變數間是否相關時，可求出預測自變數與依變數方向的計算式。

**陣列** （➡ 2-7）

相同型別元素的集合所組成的資料結構，連續排列在記憶體之中。利用元素的索引可以找出該元素對應的儲存位址。

**停機問題** （➡ 6-17）

能夠判斷「程序」在特定的輸入下，是會給出結果（停機），還是會無限執行下去（不停機）的問題。

**剪枝法** （➡ 4-7）

搜尋樹狀的資料結構時剪去不做搜尋的分枝，縮短執行的時間可提高運算的效率。

**動態規劃** （➡ 6-1）

通常用於最佳化問題，若問題切割成許多小問題，解決這些小問題後就等於得到整體的解答。

**啟發式演算法** （➡ 5-13）

基於經驗和直覺在有限時間內求出接近最佳解的方法。即便難以求出全部目標，但是作法簡單、求解效率高。

**堆積** （➡ 2-16）

資料結構具有樹狀結構中子節點的值恆大於等於母節點的值等特性。

**堆積排序** （➡ 3-8）

以堆積結構將資料存放，按大小取出以及排序的方法。

**堆疊** （➡ 2-20）

最後存儲的資料最先讀取的資料結構。多以建立陣列實作，常用於深度優先搜尋等。

**強化學習** （➡ 5-4）

電腦對於人類也沒有正確答案的資料透過不斷地在錯誤中學習，對好的行為給予獎勵為了獲得最大化獎勵的機器學習方式。

**排程問題** （➡ 6-15）

在滿足相等條件下，自動帶出人員配置和作業流程。有護士排班問題與工作排程問題。

**曼哈頓距離** （➡ 4-13）

求兩點距離時使用座標值相減取絕對值的距離。坐標平面上的任何路徑都同等距離。

**梯度下降** （➡ 5-17）

利用切線的斜率一步步求函數的最小值的方法。

**深度學習** （➡ 5-10）

以人工神經網路為架構分析龐大且複雜的資料集，解決更困難的工作。

**深度優先搜尋** （➡ 4-6）

沿著樹狀結構深入遍尋到盡頭時會終止搜尋回溯到起始節點再遍尋下一個目標。實作上會運用堆疊來存放搜尋過的節點。

**深偽技術**（➡ 5-11）

專指 AI 讀取歷史圖像、影片、聲音，合成出虛構不實的圖像影片。此技術能夠冒用他人名義捏造他人行為。

**※ 貪婪演算法**（➡ 4-10）

採取在當前狀態下最好或最佳的選擇，不對整體最優做考量，但對複雜度低的問題能做出局部最優解。

**軟間隔**（➡ 5-7）

分離資料時放寬間隔條件，允許資料產生些許錯誤的方法。可預防發生過擬合狀況。

**凱撒密碼**（➡ 6-7）

把所有英文字母順序移動一定位數來加密字串。反向逆推則解密字串。

**單位階躍函數**（➡ 5-10）

如果要輸入正值的話是 1，如果輸入負值則是 0。屬於一種激勵函數。因為是很簡單的函數具備可以快速計算的優勢。

**提升演算法**（➡ 5-6）

一種組合其他模型的執行結果對順練樣本進行調整的方式。無法並行集成但準確性高。

**插入排序**（➡ 3-4）

維持的排序後元素大小插入新的元素已排序好的陣列之中的方式。

**最小平方法**（➡ 5-8）

迴歸分析中，盡可能減少數據和程式之間產生的誤差，使其誤差之間的平方和為最小。

**最短路徑問題**（➡ 4-11）

例如在轉乘指引和地圖上，有多條前往目的地的路線中，找出最有效率路線問題。

**硬間隔**（➡ 5-7）

為使資料完全分離時設定間隔的方式，資料中存在噪音讓分離不完全的話會容易發生過擬合。

**結構化資料**（➡ 1-2）

形容資料的項目是整齊定義的並針對項目進行排列分類。方便電腦處理的資料結構。

**費波那契數列**（➡ 6-1）

連續兩個數字加起來等於第三個數字的數列，這個數列經常出現在自然界中。也因為兩相的數字接近黃金比例常用於設計領域。

**集成學習**（➡ 5-6）

使用多種機器學習模型構建、並結合多個假設來優化最佳模型。

**微分濾波器**（➡ 5-12）

偵測圖像的對反差度來減弱或消除圖像的模糊程度。

**極小化極大法**（➡ 4-14）

應用於人類與機器對局的兩人遊戲，假設對方將會選擇採取最佳行動（有損自己優勢的行為）如何在可選的選項中做出將其優勢最大化的選擇。

**裝袋演算法**（➡ 5-6）

使用多個資料組合建立分類模型，採多數表決做為結果。

**解密**（➡ 6-6）

將加密資料還原為原始信息。一般是指經由正規化程序得到還原資料，若是被第三方得知金鑰並試圖還原加密資料則稱為破解。

**跳躍鏈結串列**（➡ 3-12）

所謂鏈結串列是必須從頭開始按順序進行尋找，但跳躍鏈結串列可以跳過某些節點以避免依序處理。

**※ 運籌學 (Operations Research)**（➡ 1-13 • 6-1）

為解決各種情況下所發生的複雜問題，利用數學方式驗證並且思考最優化對策。

**過擬合**（➡ 5-2）

機器在學習資料過程吸收過多局部特徵的統計模型。造成模型的泛化性和識別正確率下降。

**圖靈機**（➡ 6-17）

一種簡化電腦行為的數學模型。它用於驗證該演算法是否能解決問題。

**演算法**（➡ 1-1）

可稱為執行程序或是計算步驟。於解決同樣的問題，同樣的結果可以有多種程序或是計算步驟，普遍認為好的演算法是能快速執行且不佔記憶體容量。

**漢明碼**（➡ 6-5）

能偵測其中任 2 位元的錯誤並更正任 1 位元的錯誤。

**監督式學習**（➡ 5-2）

學習從範本資料（訓練資料）中建立模式推測與範本相近的機器學習手法。

**網站排名演算法**（➡ 6-13）

網站和網站間的連結數量越多，代表該網站的價值高，出現的搜尋排名會越前面。

**聚類分析**（➡ 5-3）

從特定資料中收集相近的對象聚集在一起，再分成不同的類群。

**蒙特卡羅方法**（➡ 1-13）

利用亂數取樣進行模擬的演算法。要提升準確性的話，可藉由增加統計次數獲得某設定條件下實際最可能的估計值。

**誤差反向傳播法**（➡ 5-9）

透過神經網路從輸出層反向傳輸誤差到輸入層調整權重的方法。

**遞迴**（➡ 4-7）

是在函式中執行自我呼叫，其程式設計多以樹狀走訪結構組成。

**廣度優先搜尋**（➡ 4-5）

從根節點開始沿著樹狀結構遍尋樹的節點，在實作上會運用佇列來儲存搜尋過的節點。

**模擬退火法**（➡ 5-15）

模擬金屬加熱退火的過程，先初步搜尋廣泛範圍，搜尋到一定程度後逐漸收斂範圍求出最優解的方式。

**歐幾里得距離**（➡ 4-13）

是指兩點之間的直線距離。使用畢氏定理可以計算出兩點之間的最短距離。

### 歐幾里得算法 （➡ 1-11）

又稱輾轉相除法：快速找出兩個整數的最大公因數的演算法。不斷重複相除兩數餘數可求得最大公因數。

### ※ 線性規劃 （➡ 5-14）

在滿足某些不等式的情況下，取得函數最大值或最小值的方式。

### 線性搜尋 （➡ 4-3）

原理是在資料列中從頭開始逐一的搜尋，直到找到目標值為止。不適合用於資料量過大的搜尋但方便實作。

### 複雜度 （➡ 1-4）

比較演算法時不受處理效率或問題的難度，執行環境和程式語言等限制來評估解決問題的成效。

### 橢圓曲線密碼學 （➡ 6-11）

一種利用加總橢圓曲線上有理數點來作公開金鑰加密的演算法。相比 RSA 加密演算法使用較小的金鑰長度，並提供相當等級的安全性。

### 選擇排序 （➡ 3-3）

排列資料元素大小順序時，從陣列中找到最小資料，並將它移至最前列再重新排序的方式。

### 遺傳演算法 （➡ 5-14）

它是一種模仿生物演化法則所啟發的演算法，越能適應環境者越能生存。源於自然界「適者生存，不適者淘汰」的特性。

### 錯誤更正碼 （➡ 6-4）

在傳輸過程中因參雜雜訊使一部分資料的 0 和 1 錯位時，能自動修正錯誤的編碼方法。

### 隨機梯度下降 （➡ 5-17）

求函數的最小值時，選擇用隨機數設定初始值降低損失函數朝向局部最佳解的可能性。

### 隨機森林 （➡ 5-6）

一種對使用多個決策樹的學習結果進行多數表決的方法。普遍認為比單個決策樹來得更準確。

### 隨機演算法 （➡ 5-13）

使用隨機數改變執行的方式。改變資料的執行順序有可能降低資料內容產生的偏差。

### 霍夫曼編碼 （➡ 6-3）

出現頻率較高的字元，使用長度較短的編碼；反之，出現頻率較低者，使用長度較長的編碼。一種可以壓縮檔案的演算法。

### 戴克斯特拉演算法 （➡ 4-12）

用圖求解最短路徑問題通過多個節點的路徑，求出最低通過成本的演算法。

### 環狀鏈結串列 （➡ 2-14）

環狀鏈結串列以及雙向環狀鏈結串列的資料結構，可將最後一個元素可以連結到第一個元素。

### ※ 賽局理論 （➡ 5-4）

多方參與的局面中，當對方的行動會牽扯到自身的利益時，選擇各自最適因應策略理論。

### 雙向搜尋 （➡ 4-9）

同時執行正向和反向的搜尋，兩者從開始搜尋一直到會合點處進行搜尋。處理速度比從一個方向檢查要快。

### 雙向鏈結串列 （➡ 2-14）

每個鏈結串列中都有兩個指標，分別指向前驅節點和後繼節點。除了順向也可以逆向搜尋。

### ※ 穩定婚姻問題 （➡ 6-16）

是指在進行男女配對時，根據彼此的偏好決定配對的問題。不符合雙方偏好的配對稱為不穩定（配對不成立）婚姻問題。

### 穩定排序 （➡ 3-2）

資料進行排序後值相同之資料，相對位置與排序前相同順序時，稱為穩定排序。

### 邊緣偵測 （➡ 5-12）

標識影像中亮度變化明顯的點擷取物件的技術。

### 鏈結串列 （➡ 2-13）

結構顯示每個節點內的儲存資料和到下一個節點的位址。它的優點是在串列中間添加或刪除元素所花費的時間比陣列更少。

### 變動長度編碼法 （➡ 6-3）

使用固定長度的碼來取代相同連續出現的資料將檔案壓縮的方式。對文字檔沒有太大的壓縮效果，但對黑白圖像可以有很高的壓縮率。

### 邏輯迴歸分析 （➡ 5-8）

在迴歸分析過程中，將預測結果指定在 0~1 的範圍中使預測機率值介於 0 與 1，預測兩個模型中的結果。

# 索引

## 關於作者

**增井敏克**（ますい・としかつ）

增井技術士事務所代表。技術士（資訊工學部門）。

1979 年生於奈良縣。大阪府立大學研究所畢業。通過了系統架構師、技術工程師（網路、資訊安全）及許多資訊處理技術人員考試。商務數學檢定一級，也是公益財團法人日本數學檢定協會的認證培訓師。將「商業」×「數學」×「IT」結合，為「正確」「高效率」使用電腦的技能增進提供支援，並從事各種軟體開發。

著有《圖解 IT 基本力：256 個資訊科技關鍵字全圖解》、《圖解資訊安全與個資保護》、《鍛鍊你的數學腦：讓你寫出簡單快速的 70 道進階解題程式》、《鍛鍊你的數學腦：讓你寫出簡單快速的 69 道解題程式》、《可在家學習到的電腦安全基礎》、《從基礎開始的程式設計素養 [ 從電腦的運作原理到如何選擇技術書籍，用精選關鍵字來學習！ ]》（技術評論社）等書。

# 圖解演算法原理

作　　者：增井敏克
裝訂・文字設計：相京 厚史（next door design）
封面插圖：越井 隆
文字插圖：浜畠 かのう
譯　　者：22dotsstudio
企劃編輯：蔡彤孟
文字編輯：王雅雯
設計裝幀：張寶莉
發 行 人：廖文良

發 行 所：碁峰資訊股份有限公司
地　　址：台北市南港區三重路 66 號 7 樓之 6
電　　話：(02)2788-2408
傳　　真：(02)8192-4433
網　　站：www.gotop.com.tw
書　　號：ACL065600
版　　次：2023 年 07 月初版
建議售價：NT$480



國家圖書館出版品預行編目資料

圖解演算法原理 / 增井敏克原著；22dotsstudio 譯. -- 初版. --
臺北市：碁峰資訊, 2023.07
面；　公分
ISBN 978-626-324-320-0(平裝)
1.CST：演算法
318.1　　111014827

讀者服務

- 感謝您購買碁峰圖書，如果您對本書的內容或表達上有不清楚的地方或其他建議，請至碁峰網站:「聯絡我們」\「圖書問題」留下您所購買之書籍及問題。(請註明購買書籍之書號及書名，以及問題頁數，以便能儘快為您處理）
http://www.gotop.com.tw

- 售後服務僅限書籍本身內容，若是軟、硬體問題，請您直接與軟體廠商聯絡。

- 若於購買書籍後發現有破損、缺頁、裝訂錯誤之問題，請直接將書寄回更換，並註明您的姓名、連絡電話及地址，將有專人與您連絡補寄商品。